小惡魔教你

極致性愛

AV女優才敢講的性愛挑逗術

SEX

穗花 著 黃薇嬪 譯

suncolor 三采文化

前言

小惡魔教你極致性愛。

看到這標題，一定有人會想：「果然是穗花的風格。」也會有人不解地想：「這啥鬼東西？」

解釋標題由來之前，請容我先介紹自己。

我是穗花，今年二十五歲，鹿兒島出身的薩摩姑娘，二十歲時以ＡＶ女優身分出道（順帶一提，成為ＡＶ女優之前的工作是護士）。

演出作品約六十部。要說哪種內容最多，主要是「○○大姐」或「凌虐○○」等標題為主的作品。業界封我為「痴女系女優」（生理上對男人需索無度的角色，或可稱為「慾女」）。

如同各位所知，所謂的「痴女」，就是誘惑男人，使對方身心各方面都心滿意足的

「小惡魔」。

沒錯，「小惡魔極致性愛」要談的，簡言之，就是我演出A片性愛場面時，調教男人的各種方法。

至於說我為什麼要寫這本書。

現在情侶做愛，感覺上多半是男人主導女人的「單向式性愛」。

男人總是拚命想取悅女人，而女人也總把這些視為理所當然。

我過去也一樣。

但是真正的性愛，該是男女雙方都享受其中，不該是哪一方主導另一方的行為。

然而，充斥街頭巷尾的性愛教戰手冊，寫的往往都是「男人如何讓女人性高潮」，幾乎沒人提到「女人如何讓男人性高潮」。

這還真奇怪。

（我偶爾也想大膽地調教男人啊！）

（我偶爾也想感受一下女人那種主動的快感！）

有這種願望的情侶，我想搞不好為數不少。

去年初，我就由ＡＶ女優身分引退，但扮演「穗花」這個小惡魔之後，我才初次體驗到性愛的歡愉。

於是我想到，該讓更多人明白這種愉悅的快感。

希望男人、女人都能閱讀本書。

「總覺得做愛無法得到樂趣。」

「真想嘗試更多新刺激。」

「希望能夠兩人一起舒服。」

有這些想法的情侶啊，如果這本《小惡魔教你極致性愛》能夠幫上各位的忙，將帶給我無上的喜悅。

二〇〇九年一月　穗花

目錄

第一章　穗花流的「小惡魔極致性愛」

第二章　男人所不知道的女人真心話

第三章 小惡魔極致性愛《戀愛技巧篇》

第四章 小惡魔極致性愛《前戲篇》

第一章

穗花流的「小惡魔極致性愛」

1.什麼是「小惡魔性愛」？

什麼是「小惡魔」？——我想先由此解釋起。

日本最近傾向於以「Ｓ或Ｍ」來區分個人類型，比方說，我們經常可聽到男女藝人在電視上的脫口秀節目中說：「其實我是超級Ｍ」。（Ｓ是sadist，虐待狂之意；Ｍ是masochist，被虐狂之意）

那麼，小惡魔又是哪一邊？——毫無疑問的是「Ｓ」。畢竟小惡魔的樂趣來自調教男人嘛！

不過，小惡魔的「Ｓ」和ＳＭ女王的「Ｓ」不太一樣，小惡魔不會甩打鞭子、用繩子捆綁，或說：「你這隻豬！」（笑）。

我舉個例子，小惡魔女人會以親吻為誘餌，並且點到為止。等男人噘起唇來，就把對方的臉推開，問對方：「想要嗎」，迫使無法忍耐的男人說：「給我！」

——大概就是這種感覺（笑）。

女王藉由「使男人服從」得到快感，而小惡魔的目的則是「讓男人成為俘虜」。對！小惡魔就是有點壞心眼的「惡女」。

或許有些女人心想：「這種事情我做不來。」但，就我看來，女人打出生起就已經具備「小惡魔」的特質。

說到這兒，什麼是「小惡魔特質」，你知道嗎？

事實上就是「母性」。小惡魔與母性——乍看之下或許是完全相對的兩者，卻有著相同的要素。

我調教男人時，總忍不住想說：「好可愛」或「好想為你多做一點」。照理說，一般該是「想聽對方說我好可愛」、「希望對方為我多做一點」才對，但我卻完全相反，反而有「好可愛，好想滿足你」、「好想讓你更舒服」等情緒。

不覺得，這就類似母親對孩子的情感嗎？只不過這裡的對象不是孩子，而是男人，因此是異色（情色）風格的母性。

話說回來，男人對這樣的女性有何看法？如果女朋友變成這種「小惡魔」，他們是否會敬而遠之？

一定不會吧！

因為比起不管男人說什麼，自己都願意聽從的女人，不讓男人輕易如願的女人更能激發男人的熱情。

因此，女人必須更表現出自己心中存在的母性，也就是「小惡魔」的那一面。而男人也應該照自己的喜好，將女人培養成「小惡魔」。

2.想成為小惡魔，先要做什麼？

說到這兒，女人要成為魅力無邊的「小惡魔」，有件東西非捨去不可。那就是，對男人的依賴！

女人總想賴著男人，希望男人保護自己、讓自己撒嬌、疼愛自己。差不多可以說，每位女性都有這種想法。

當然，我也不例外。

可是正在閱讀本書的女人，我希望各位冷靜思考看看。戀愛，會不會因為自己對男人過度依賴，而變成「只是在實踐自己的夢想」？「他的愛」是否是人生的一切？

老實說，十幾歲時的我也是這樣。可是這樣的我，卻害自己走入痛苦的窘境。當我回過神來，我已經成了由男性主導一切的被動角色。

這樣子絕對無法成為優秀的「小惡魔」。

那麼，到底該怎麼做才好？——首先，是必須找到戀愛之外的「自己的夢想」。

這樣做，就不會再像過去一樣，那麼在意男方的一舉一動。有其他想做的事情，也開始不再想著每天見面，不會掛心對方在哪裡、做什麼。心情上會漸漸能和男朋友之間保持「剛剛好」的疏離（距離）感。

一旦這種距離產生，反而會讓男人滿心不安地想要靠近。

「妳最近怎麼變得那麼乾脆？」、「到底怎麼了？」

保持距離反而讓對方想找回一切，不惜拋開面子和尊嚴，即使下跪也想跟自己做愛。

女人的第一步，就是找到自己的「夢想」，這也是變身為充滿魅力的「小惡魔」的第一步。

3.小惡魔靠兩人一起打造

有個東西，我很希望男人能擁有，那就是在床上的自信。

這麼一說，恐怕大家會誤會。我這裡指的不是希望男性誇耀自己的技巧、大大方方地扭腰擺臀。反而相反的是，我希望男人更坦然、毫不害臊地表現出自己的慾望。

追根究柢，男人為什麼希望女人高潮呢？一定是因為他們希望自己在女人眼裡看來不凡吧？這麼說來，男人希望自己的技巧能俘虜女人，也是天經地義的事。

但換個角度說，這不也是對自己沒自信的證據嗎？

當我聽到職場上的ＯＬ到處和男人上床，為人妻子將不守婦德視為理所當然等事時，我也忍不住懷疑，難道連女人這種生物也已經失去自信了嗎？

正因缺乏自信，男人才無法對心儀的女子暴露弱點、放開自己。

可是，這麼一來，女人也無法變身「小惡魔」大膽調教男人了！我覺得男人也應該露出更脆弱、更丟臉的部分才好。

顯露自己的弱點，正是表達自信與信任對方的證明，男人願意這麼做，女人也會很高興。譬如說，心臟狂跳、鼻息紊亂，熱中於和我做愛的男人，比起在床上對我說：「妳真可愛」、「妳好美」還更叫我興奮。幫男人口交時，男人伸直雙腳呻吟掙扎的模樣，比起泰然自若撫摸我的頭髮時，更挑逗我的慾望。

所以男人啊，別害臊，請更加暴露自己吧！

這樣做，能讓女人毫無顧忌地變身為好色的「小惡魔」喔！

4. 做愛是兩人一起享受的「頂級娛樂」

這麼說有點突然，但我認為做愛是「頂級娛樂」。

因為我想，這世上再沒有比做愛更愉悅人心、舒暢身體的行為了。

這種說法，會讓大家誤會穗花相當好色，只要能夠舒服，對方是誰都無所謂。——絕對不是這樣的。

我想表達的，是把做愛當作「頂級娛樂」，能讓兩人生活得更愉快。可是現在這世界上，感覺似乎有更多男女認為做愛是「麻煩的行為」。

「我不是那麼想做，可是不做的話，男朋友會生氣。」

我經常從女人們那兒聽到這樣的話，男人們也是——「最近都沒做……總覺得偶爾應該做一下……」，把做愛說得好像是義務似的。

這樣子不覺得寂寞嗎？

我是這麼想的：如果沒有性，「愛」與「戀」將無法成立。

或許有無愛的性，但無性的愛無法存在。

即使說了再多「喜歡」、「愛」，但情侶間如果無法享受性愛，那麼兩人的情感遲早會冷卻。所以，別把做愛當「義務」，我希望大家把它看作是「頂級娛樂」，更享受這種娛樂。

再沒什麼事比和喜歡的人做愛感覺更棒的了！女人當然是這樣，男孩子也是吧？比起和技巧華麗的美女嘿咻，與單戀許久的女人初次肌膚相親，應該更加興奮，對吧？

與喜歡的對象一起將做愛視為「頂級娛樂」，兩人一同享受，是極致性愛的基本功。

然後，為此，男人必須先弄清楚女人的心意才行，這是扮演鄰家大姐角色的穗花的想法（笑）。

首先我要告訴男人的是，做愛時，女人會感受到你「拚命想讓對方高潮」的心情。男人似乎沒注意到，也許你費心使出所有技巧想讓女人高潮，這麼說或許很難聽，但那模樣只使得女人在心裡想著：「唔哇，這傢伙好拚啊」。

這麼一來，一切便會陷入惡性循環——女人感覺到莫名壓力，一心想快點為你達到高潮，就沒有多餘心力享受魚水之歡了。追究起來，男女達到高潮時，身心都該放鬆才對吧？可是男人少了悠哉時，女人也會因緊張而身體僵硬，這樣根本只是「活塞運動」，和充氣娃娃做有什麼兩樣？可是這種不滿又無法說出口。

一轉入「想做」模式，一旦女人拒絕，男人便會勃然大怒，演變成互相嘔氣的局面。到最後，女人只能夠靠演技了。一心只想快點結束，說著：「要去了！要去了」，一邊回想自己過去高潮的姿態，重新「表演」一遍。老實說，再沒什麼比必須表演的性愛更空虛了。

真想告訴男人，不用讓我們高潮，只要「讓我看看你高潮的表情」，這樣子還比較能挑起心理上的慾望呢！

話說回來，女人並非如男人所想的，每次都想達到高潮，因為女人根本沒辦法每次做愛都達到高潮。

這是我的例子，「想讓對方放進來」或「想高潮」等慾望，大概一個月有四天就算多了。生理期之前精神焦慮、煩躁，根本沒有那種心情；再說月經期間做愛很不衛生，絕對不要。而生理期結束後，多半仍有殘留的痛感，希望盡可能避免做愛。這麼算起來，真正想做愛的日子，頂多只有排卵日前的那四天。

可是男人不知道這些，老是只想讓女人高潮，因此男女關係也會變得緊繃。

問題是，女人又無法對愛撫自己的男人說：「這樣就夠了。」那麼，該怎麼做才好？即使不達到高潮，女人仍然能夠變身「小惡魔」，重點就是由女人主導。

有趣的一點在於，幫男人口交這點，如果由女人主動的話，心情不再是「被迫去做」，而是「為男人做」。這種狀態下，腦子也會比平常更冷靜，能發現一些平常沒注意到的地方——「啊，摸這裡他會很舒服」、「他對這種方式很敏感」，進而能窺見過去所不知道的男人可愛的一面。

另一方面，由女人主導做愛時，女人精神上會比較亢奮，原本不想做愛的身體也會逐漸想要做愛。

女人主動說：「今天我來為你服務。」或男人主動說：「今天可以由妳來主導嗎？」當這番對話能夠出現在床上時，兩人的性愛一定能朝「頂級娛樂」邁進。

5. 成為小惡魔前的「穗花」

話說回來，在「性愛是頂級娛樂」的想法出現之前，我其實一開始並不喜歡做愛。因此在這裡，我想談談我的性經驗。

我的第一次是在十七歲時。周遭的女性朋友大約國中三年級時就已經有過初體驗了，我卻相對比較晚。別看我這樣，其實我很晚熟（笑）。

對方是住在附近的同學，也是我男朋友。當時我對做愛充滿好奇，又處於戀愛的重要性超過一切的時期，因此默默擔心著：如果再不讓他做，他恐怕會甩了我。

於是，某天半夜，我偷偷離開家，跑去他房間——沒想到第一次卻沒有想像中的痛，毫不費力就做完了。

脫離處女雖沒有後悔，但男友愛撫時，我卻感覺自己被當成玩具，莫名悲傷。做完後，我穿著他的睡衣，和他一起窩在棉被底下睡覺時，心情比做愛時感覺更好、更幸福。

可是自此以後，每次見面，他都要求要上床……。

「啊啊，又要做了！」當時我對這事討厭得不得了。

能夠喜歡上做愛，反而是當了AV女優之後。出道前這種「私生活的做愛」，老實說沒有一次讓我覺得值得回味。現在想來，當時做愛全是為了愛情而勉為其難，根本沒有享受其中的感覺。

這種心態下，我當然完全保持被動，簡直像是一尾死魚——被動的性愛真痛苦。

我現在還記得當護士時所交往的那個男朋友——一言以蔽之，就是自私的人。只要他想要，哪管我剛值完夜班、一身疲憊，只會拚命想做、想做。某次甚至在我睡著後，脫下我的內褲愛撫。當然我的身體、心情都沒那個打算，更別說達到高潮了，我的私處一點都不潮溼，只感覺到痛。

結果你猜那個人說什麼？

「怎麼搞的，妳怎麼沒高潮？妳沒爽，我怎麼爽得起來？」

我終於大為光火，立刻和他分手。

這樣子的我在二十歲時，居然以「穗花」之名跨入AV界，這世上不可思議的事情還真多呢（笑）！

可是，現在想來，我似乎是因為討厭做愛，才會下定決心從事ＡＶ的工作。如果打從一開始，我就喜歡性愛，或許就不會走上這一行了。因為如此「頂級」的娛樂，我只想私下自己享受。

順帶一提，早期的「穗花」扮演的是與現在的「痴女」形象完全相反的「大小姐系」角色。因此演Ａ片時，仍不改被動角色。

每位ＡＶ男優的技巧都很高明，但老實說我不曾感覺舒服。一開始我原本打算，等拍完合約規定的數量後，就安靜離開。

可是一旦進入這一行，因為各種原因登上雜誌後，我最害怕的情況終於發生了——父母親知道了。於是我變得自暴自棄，反正性愛一點也不好玩，怎樣都無所謂了！

然而，就在我入行半年左右，突然接到「女教師MONO」的拍攝工作。主題是「痴女」女教師，故事內容就是常見的好色女教師誘惑純情男學生，奪走對方童貞。這是我有生以來第一次扮演「痴女」的角色，業主告訴我時，我還覺得自己演不來。

沒想到一開始拍攝，連我自己都感到驚訝——我的身體難以置信地自己行動了。可能我適合主導式性愛吧？我邊對戰戰兢兢的男學生說：「來，讓老師看看」，一邊把他的褲子拉鍊拉下……然後把他的那個……。

當然，一切只是按照劇本演出，但我不知不覺就忘了自己是在工作。

因為飾演學生的男演員是我的菜——當然不是！反而完全相反！他一邊哭喪著臉哭喊：「啊啊……啊啊……」，一邊無助地掙扎著，肚臍底下那一帶似乎傳來陣陣痙攣。

這對我來說是個大發現！

過去和男人交纏、乳頭和陰蒂被觸摸時，我只感覺到不舒服。但這次卻因為男人喘息的表情和顫抖的姿態，感覺到過去不曾有過的心醉神迷。

因此，在那天拍攝結束後的回程上，我對經紀公司的老闆說：

「我似乎喜歡調教男人，所以今後請多讓我演出這類作品。」

這是我第一次對工作發表意見——然而老闆卻大力反對，因為「痴女」一詞最近雖已普遍用在A片標題上，但在當時卻還算頗時興的玩意兒。

不過，在我死纏爛打地請求下，老闆最後還是同意了！現在的「穗花」就此誕生！

不誇張，從我對做愛感興趣起，人生為之一變。

過去原本是沉默又無趣的女人如我，變成會在拍攝現場對導演和工作人員說：「這個場面我想要這樣」、「我覺得這邊這樣子比較色」。

正因為我自己有這種經驗，所以我想告訴女人們：「沒有實際做過，不可能知道自己是否能化身為『小惡魔』。別一開始就因認為不可能而放棄，總之先挑戰看看！」

我自己從第一次性經驗起的三年間，一直相信自己是「M（被虐狂）」，一次痴女體驗就使我的性愛觀有了一百八十度的轉變！

6.女人其實都愛說自己是「M」

女人這種生物，老愛說自己是「M（被虐狂）」。

我雖不曾參加過聯誼，但聽說在男女聚會上，「你覺得自己是S（虐待狂）還是M？」等問題經常出現。雜誌受訪時，也經常有人問我：「穗花小姐真的不是M嗎？」這種時候，就連我也會忍不住想說：「是啊，其實我是M。」

問我為什麼？

因為回答「M」會讓人覺得「可愛」呀！這事不只是我，全世界的女人都知道。

稍微離題，以前曾有人問我：「穿白色內褲的女人是清純派嗎？」

到現在，仍有大半男性認為「白色內褲等於清純」，但女人幾乎都在心裡含笑想著：太好了。

因為女人也熟知白色內褲等於清純的迷思，因此刻意穿白色。

就和被問到是S還是M時，十人之中差不多十人都會回答「M」一樣。回答「S」

後，會靠近自己的只有「M男」而已。

連三歲小孩都知道，那種答案只會讓「非M男」感到恐懼。

問題是，回答了M後，到時又會顧慮到已告訴男人自己是「M」，結果就算上床也不敢主動，甚至還必須照著曾說過的話繼續「演」下去。

若無其事的問題，卻讓難得擁有「小惡魔」素質的女人做起愛來綁手綁腳！

7.越是敏感的女性越有小惡魔潛力

我雖說過，每個女人都擁有「想調教男人」這股小惡魔型的母性素質，但幾時、和誰、在哪裡頓悟，這就看個人修行了。

與外表、年齡也有關係，另外，具有男孩子性格的大刺刺女人，與神經質的纖細女人，她們折磨男人的方式也不一樣。十多歲左右就找到自己體內「小惡魔」的女性，與四十幾歲後才覺醒的女性，使用的詞彙也大相逕庭。當然，也會依男伴類型而有不同。

也就是說，「小惡魔」的種類實際上包羅萬象。不過，其中最容易變身小惡魔者，就是「身體敏感的女性」。

這點乍聽之下好像相反了。身體敏感的話，能夠比常人更容易由「被折磨」中獲得快感，所以應該變成M，不是嗎？——事實上，錯了。

這話我自己說有點奇怪，不過我的身體其實很敏感。這不是自傲，毋寧說很可憐。擔任AV女優時，我因這點，受到許多AV男優的指責。總而言之，我的身體似乎非常容易有反應。

這麼說來，我倒想起了過去的經驗。第一次性經驗不覺得痛，也是因為那裡已經很溼的關係；第一次手淫時，稍微碰一下，也就幾乎銷魂了。做愛時，透過內衣撫摸剛剛好；如果是完全脫光，連舌頭舔舐都會覺得過於刺激。

刺激……沒錯，身體太敏感，感覺到的就不是快感，而是難受的刺激。

因此正常或背後來這類男性扭腰的體位，到現在我仍難以習慣。對方用力衝刺時，肚子會陣陣發痛。大家常可見到，有些ＡＶ女優會邊讓男演員激烈抽插，嘴裡邊喊著：「再粗暴點！」、「狠狠傷害我吧！」

男人眼裡看來，可能會覺得那樣的女人相當敏感，其實不然，就是因為她們的身體比較遲鈍，所以才能夠接受那樣強烈的活塞運動。如果是我，絕對無法挺到最後。

可是，如果是由我主導的「小惡魔極致性愛」的話，就不會遇到這般粗暴的對待。痛的話，能夠告訴對方：「對我再溫柔點」，還能夠看自己的舒適速度和角度，選擇插入方式或體位等。

意思也就是那地方敏感的女人，比較適合小惡魔極致性愛。

第二章

男人所不知道的女人真心話

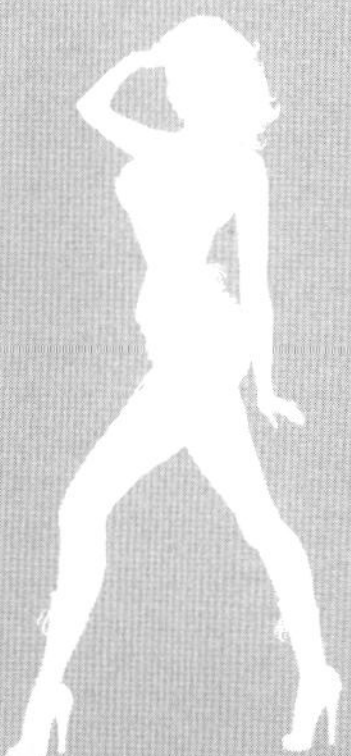

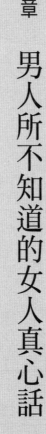

1. 女人為了「只有我知道的你」而淫

進入正題。第一章主要談的是何謂「小惡魔性愛」，但這本書寫的絕不是如何讓男性主導做愛，接下來要談的是女人的真心話。

首先，我想先談談成為男女朋友之前與之後，女人「對男人的看法」有什麼改變。

舉例來說，一個還未成為男女朋友的男人拜託妳：「讓我舔妳的肛門」——這只是舉例（笑），順便說一聲，我不太喜歡舔肛門，也不喜歡被舔（欸，先別管這個）。——總之，一個有交往可能的男人提出如此變態的要求時，女人心裡會想：「這男人遊說我只為了滿足自己的性癖好嗎？」

然而，一旦交往中的男人對自己提出同樣要求時，各位以為女人一定會想：「怎麼可以讓最愛的他舔那種地方」，是嗎？

正好相反！

女人會覺得：「肛門被舔很丟臉，我也不喜歡，但這或許正可證明他有多麼愛我」。

亦即女人確認彼此關係穩定之後，就會表現出自己的性癖好。

包括我也是，我雖提倡「讓男人達到高潮」的性愛，但在有發展可能性的男人面前，要我打從一開始就大膽調教對方，老實說我也辦不到。不過，一旦身分成了「女朋友」，我就會開始想為對方做各式各樣的事情。

原因在於，我的本性只有男朋友能夠看見。交往前和開始交往後，「對男人的看法」會改變，就是這個意思。希望各位記住女人的真心話。

接著再告訴各位一個男人不知道的女人真心話，女人可說是會為了「只有我能看見的你」而溼的生物。這話是什麼意思？也就是當女人能看見男人連前女友都不知道的那一面時，會興奮到頭皮發麻。

話雖如此，但我指的不是露出肚子、躺在沙發上滾的那邋遢的一面（笑）。但也不是想看到什麼超帥氣的樣子。簡單說來，就是想看到「可愛」的一面。

說這種話，大家可能會覺得我有毛病，不過以前發生過一件事，正好可作例子。

有次去剛開始交往的男人家裡，他去上廁所。那瞬間我突然興起想要惡作劇的念頭。什麼樣的惡作劇呢？就是偷偷跟在他身後，趁他關上門開始尿尿時，我突然把門打開喊著：「喂喂！」

不用說，他當然很驚慌失措！在自家廁所尿尿的模樣，居然被女人給當場直擊，真是想都想不到。而且已經施放的尿液不可能馬上停止，所以他什麼也不能做。

平常總是酷酷的他，邊尿尿邊以欲哭無淚的表情笑著說：「別這樣啦……。」

各位知道我看到那樣子是什麼想法嗎？——「好可愛！」我這麼想。

把這事情告訴身邊女性朋友時，大家都狂笑著，目光閃閃地說：「我也要做做看！」、「好想試試！」

欸，這例子有點極端啦，不過女人想看到「只有我知道的可愛的你」，這是事實。

會做菜的男人很受歡迎。但是笨手笨腳卻拚命想做出一道菜的男人，更受歡迎。

做愛也一樣。

女人確實憧憬從頭到尾主導一切，始終表現睿智、完美的紳士。但是努力想成為紳士的男人一不小心太早「擦槍走火」，把精液噴得到處都是，還一邊道歉說：「對不起喔」，一邊拿著面紙死命幫忙擦拭的模樣，更能讓女人感到幸福吧？

欸，不過話說回來，也不能每次都這麼沒出息喔（笑）！

男人總想掩飾自己丟臉、沒用的一面，但偶爾也把那一面露出來吧！女人會因此而更愛你喔！

2. 想做卻又拒絕的女人心

各位知道女人偶爾有「就算想做，也會拒絕」的時候嗎？各位男性有過這種經驗嗎？每次見面吃完飯後，總會相偕上賓館的女朋友，某天突然在飯後說：「今天我要先回去了！」

這種時候，男人一定消沉到極點吧？原本的期待卻遇上對方一記閃躲攻勢，男人一定會不安地心想：「她該不會是討厭我了吧？」

為什麼女人會突然拒絕呢？——那是因為女人也變得不安了。

每次見面就做愛，就算男人再疼愛自己，女人仍會覺得：「對方要的或許只是我的身體」，而想要以上床以外的事情來證明「愛」的存在。

你或許會覺得女人真任性，但請務必了解女性這樣的心情。

因此，就算突然遭到女人拒絕，也不要認為自己被討厭或者生氣。女人不可能討厭關係已經進展到「每次見面就會做愛」的男人。

這種時候最好體貼地說一句：「那麼我們今天只吃飯就好。」明白男人的目的並非只有身體之後，女人才能放心地更加愛你。

當兩人的性生活越來越愉快之時，女人越容易被這種不安的情緒所影響。請男人務必體諒女人說：「我也想做，但是……」來回絕求愛的複雜心情。

3.「男人的缺乏新鮮感」與「女人的缺乏新鮮感」

無性夫妻日增，似乎成了中年離婚的原因之一，其中甚至有十年以上完全沒有性生活的夫妻。

對於認為性愛是「兩人一起享受之頂級娛樂」的我來說，沒有性的關係等於「在一起也沒意義」，但為什麼大家會變成那樣呢？

答案是「缺乏新鮮感」的關係吧？長年生活在一起，彼此都已經熟悉到不行，這樣的確少了一點刺激。因此，男人為了不使感覺乏味，而想嘗試各種方式。但容我說句話，女人對於「缺乏新鮮感」，沒有男人想的那麼嚴重。

「我和他好像開始乏味了……該怎麼做才能改善呢？」

經常有女人找我談這類事情，但女人煩惱的只是「男朋友覺得缺乏新鮮感」，她們自己並不覺得無趣乏味（當然，男友每次愛撫的態度總是很敷衍的女人就會煩惱）。

男人說：「和女朋友做愛缺乏新鮮感」時，事實上是因為自己缺乏新鮮感，而以為女方也這麼想。也就是男人所謂的「缺乏新鮮感」，完全是自己的問題，但對女人來說卻不構成問題。

坊間常可看到「找回新鮮感的性愛技巧」，結果重點只擺在給予女人新鮮刺激，要女性來說的話，「更重要的應該是找到做愛之外的方法，讓兩人的情緒更興奮」才對！

這也是女人的真心話之一，請務必謹記。

4. 身體的契合，男女定義大不同

對於「身體契合」的解釋，男人和女人也大不相同。

和一堆女人們熱烈聊著女性話題時，幾乎一定會聊到這話題——「和他做愛感覺如何？」「嗯，普普通通吧！也不算太糟！」

可是女人們說的「身體的契合」，與男人的想法卻不同。

「和女朋友做愛時，我們的身體會緊貼著身體。」

「我的話，射精之後的勃起程度仍很驚人，持續挺立，不會馬上軟掉，可以再來一發。這表示我們身體很合？」

男人經常說這些，不過女人所說的「身體契合與否」卻更單純些。因為女人說的「契合」，指的只是雙方性器尺寸合適與否而已。身體契合等於性器適合，除此之外沒有其他意思了。

當然做愛時緊密結合的感覺、做愛習慣合得來……等，也很重要，但女人不稱這些是

「身體契合」。

所以女性密談時，只要某個女人誇耀：「我和他的身體很契合」，其他女人接下來就會眼睛閃閃發亮地問：「咦？長什麼形狀？」聊到這類話題時，女人可是比誰都愛追根究柢呢（笑）！

講到這裡稍微離題。

女人一交男朋友，便會馬上告訴熟稔的女性朋友，這種時候「身體契合與否」的話題就會出籠，男人最好做好心理準備，女友的女性朋友都會知道你的陰莖形狀！

回到正題，知道女人口中「身體契合」的意思之後，有沒有注意到一項恐怖的事實？那就是，對女人來說，要是男人的陰莖形狀與自己的陰部無法密合的話，就表示「身體不契合」。

我從以前就對男人所說「女人才不在乎陰莖尺寸咧，她們在意的是技巧」這點深表懷疑，真的嗎？

當然我不是說陰莖越大越好、越粗越好，不過事實上，女人對男人的陰莖非常在意喔！這點在結合瞬間就能知道。順利插入時，「喔，這個人不錯！」女人會愉悅到渾身顫抖。相反地也有「咦？好像不太對勁！」而頓時沒勁的狀況。

性器合適，無論什麼體位都會漂亮地密合，哪管在上面、在下面，或者在側面，陰莖都能牢牢吸附在陰道裡面，不會感覺到鬆動。當然這樣子也容易達到高潮，甚至還想多來幾次。

在成為AV女優之前，當交往的對象和我的那裡不契合時，老實說真的覺得很痛苦。就算對方用手指和舌頭取悅我，仍始終無法獲得滿足。連舒服都感覺不到，當然只留下滿腹的欲求不滿。因此對女人來說，性器的適合與否很重要。

聽我說得這麼明白，有些男人恐怕會因此喪失自信也說不定，但這就是事實。這種時候，男人可以借助道具。

「靠電動按摩棒，這太丟臉了！」

男人或許會這麼想，但與其為了這種事情分手，使用電動按摩棒讓兩人更享受性愛，沒什麼不好吧？

各位也許會覺得意外，搞不好有不少男人就是因為不知道女人這些真心話而被甩喔！

5. 忘不了舊愛的是誰？

女人這類真心話，站在男人的立場實在難以接受吧？但我相信只要知道這些，就能夠了解女人這種生物，建立嶄新的性愛風格。

因此，我決定繼續告訴大家關於女人的真心話。

男人誤解之中最大的，就是他們認為面對分手，男人比較藕斷絲連，女人則能夠漂亮割捨過去。我認為這點本身沒錯，我自己也是一有了新戀情，與過去男人的回憶等便乾脆捨棄的人。

既然如此，這種說法不是很正確嗎？

不，不對。說得誇張點，就是女人即使能忘記過去男人的存在，卻仍能清楚記得陰莖殘留在身體內的感覺。

這些話絕對不能在現任男友面前說，但女人絕對不會忘了初次性經驗的對象，也不會忘了第一次高潮。

與其說是留在腦子裡，應該說是身體記住了，連陰莖的形狀和插入時的感覺都牢牢記住了。所謂忘不了已分手的男人，是這個意思。

證據在於女人的自慰手淫，幾乎等於日本男人所說的「事後牡蠣」，意思就是回想著過去曾經歷過的做愛過程的性幻想。相反說法是「事前牡蠣」，就是幻想與不曾上過床的對象發生性行為。

女人絕少拿不曾上過床的男人當作性幻想「配菜」來自慰自己，我們總會回憶著最棒的做愛感覺、氣氛與味道，一個人愉快地享受。也就是說，我們仰賴身體的記憶。

這麼說，只會使更多男人幹勁十足地主張：「我要讓妳爽到忘了以前的男人」吧？但我想應該很困難！想消除過去的經驗，除非有時光機在，否則不可能。

女人的「身體記憶」就是那麼強。即使獲得了新的快感，也不會掩蓋過舊的，而是以另一種感覺記憶留下來。

女人無法忘懷分手的男人，也是理所當然。

可是這絕不是因為對已分手的男人「仍有眷戀」或「還想和他再做一次」。

6. 比起「第一次上床的人」，「習慣且親密的對象」為佳

就算身體仍深深記住過去男人的女人，事實上也覺得和新男人初次上床的感覺很好。這點對男人來說也一樣吧？就算有女朋友，仍不放過和其他女人上床的機會。就算上床的女人比女朋友差（比較不可愛或個性不好等），但兩人第一次上床這點就叫人興奮不已。對方的身體是什麼模樣？有什麼反應？那地方的觸感如何？這些性愛好奇心直接與性慾產生連結。

女人也相同。有些人即使有男朋友，仍會透過某些機會，和新認識的男人上賓館。這種時候，女人也會比和男友做愛時更淫，甚至可說更享受其中。

此外，男人對初次上床的女人也會花費比平常更多的時間進行前戲。而女人在被觸摸之前，應該也早就因期待而淫了。但是，也不是說淫得一塌糊塗就比較容易高潮，不是這樣的。

對女人來說，所謂高潮，是必須有相當的心理準備的，而與新認識的男人第一次上床時，其實根本不可能完全解放自己。

談到高潮，還是和親密、習慣的對象一起做，才比較容易達到。

安全感不同也是原因之一，更重要的是能猜到對方的動態。

預先知道愛撫過程將是如何，女人自然會感覺比較舒服。

7.女人的兩種高潮

話說回來，女人的「高潮感覺」，對男人而言，真是非常不可思議的境界。雖有「腦袋變得一片空白」、「電流竄過全身」、「身體感覺像飄在空中」等各種說法，但基本上只有兩種。

就是刺激陰蒂的高潮，以及刺激G點的高潮，兩種而已，而這兩種舒服的方式全然不同。陰蒂的快感是斷斷續續的刺激襲來，某種角度來說有點「強迫高潮」的味道。相對來說，G點高潮則是全身像要融化般，在自己還未意識到之際已達高潮，想忍住都不行。不過，如果問我哪種感覺舒服的話，我無法回答。

因為女人一旦高潮了，感覺都一樣。這麼說或許太坦白，但到達高潮前的路徑雖然不同，到達頂點的感覺卻差不多都一樣。

似乎有男人以為刺激G點讓女人高潮比刺激陰蒂好，不過基本上並沒有太大差別。

8.女人的「敏感度」會依經驗而改變

針對女人的敏感度，我也有些話想說。

即使接受到同樣的刺激，感覺程度也會因人而異。

有些女人光是舔陰蒂就難受得掙扎不已，但也有些女人必須吸陰蒂，才能得到快感。

這種差異並非「天生」。

有種說法認為，敏感度是根據年齡而改變，但以個人感覺來說的話，我認為這種說法只說對了一半。正因為我當過AV女優，所以才有資格說，女人的敏感度是根據「經驗值」而改變的。

簡單解釋一下，就是一開始光只是被輕舔陰蒂就會覺得很舒服，逐漸習慣後，便會希望對方舔得用力些。

就連乳頭，也會因為光是舔舐而無法獲得滿足，希望對方能吸吮、啃咬，最好連乳暈一起舔舐。

隨著年齡增加而逐漸好色，大體上來說也是因為經驗值增加的關係，差不多每個案例都符合這個論點。

有過許多性經驗的二十歲少女，和少有性經驗的四十歲熟女，比較起來一定是前者比較好色。

9.「女人都會自慰」是謊言

前面我說過，女人的自慰採用的是「事後牡蠣」，也就是以曾經上床過的經驗來當性幻想素材。但我自己打出娘胎後，只有那麼一次自慰經驗！

這麼一說，大家一定會怒罵：「騙人！妳演A片時不是自慰過好幾次！」

可是A片裡的自慰，充其量就是工作，私底下我因為「好想要，我受不了了……」而手淫的經驗，真的只有一次。

多數男人都相信，「女人也會自慰」吧？

當然我想，應該每個女人都做過，甚至我也認識每晚都自慰的「手淫女」。但即使如此，像我一樣試過一次之後，不想再嘗試第二次的女人也不在少數。

這並不是因為缺乏性慾，我認為這類女人甚至比一般人更想做愛、更想要高潮。

可是她們卻不自慰，不對，該說是無法自慰。

我偷偷告訴各位我那唯一一次的自慰經驗吧！那是在我仍是處女時所發生的事，也就是高二時。當時我念女校，住在學校宿舍，我住的是三人房，和三年級、一年級學姐妹住在一起，因此沒有自己的時間與空間。某次，一位交情不錯的女同學問我：「妳自慰嗎？住在宿舍沒辦法自慰，很難受吧？」我因而嚇了一跳，因為我當時還不曾自慰過，也不曉得該怎麼自慰。

於是，她教了我手淫的方法「用自己的手指觸摸，就知道哪個地方會舒服」。光是聽她說，我就怦然心動了（笑）。

於是放學後，我急忙回到宿舍，第一個動作便是——先去洗澡。當時我想，既然要觸摸陰部，就必須好好洗乾淨才行。接著，換上沒有絲毫女人味的運動服……。趁著同寢室的兩人外出晚餐，我第一次挑戰自慰。

我仰躺在上下鋪的睡床上（我睡下層），蓋著被子……。總之，先用中指隔著內褲撫摸，找到了讓身體發麻的部位。

（這就是陰蒂嗎？）摸起來很舒服，手指也跟著自然律動。接著按住陰蒂、動著手指時，我馬上感覺到「高潮」。然而激昂後的下一秒，我感覺就像沒了氣的汽水，心情一下子冷卻，隨之而來的是沒來由的罪惡感。

我討厭做這種事情的自己。

男人怎樣我不清楚，但像我這樣，就算品嘗了自慰的快感，也因罪惡感過於強烈而「不想再做第二次」的女人一定存在。

女人肯定會自慰的世俗說法，絕對是謊言！

第三章

小惡魔極致性愛《戀愛技巧篇》

1.先試著給女人主導權

前面一章談了許多女人的真心話，由本章開始，我想介紹男人如何培養女人成為「小惡魔」，以及女人如何自主變身「小惡魔」的方法。

首先我想推薦男人的是，平日就把主導權交給交往中的女人。

請回想看看，各位約會時，是否總認為「非得由男人主導一切不可」呢？這種作法在十多年以前的確是理所當然的，從兜風路線、用餐到賓館約會等內容，全由男人一手決定。好像男人必須這樣呵護女人，諸如此類的。

可是，今天起，請讓女人作主。

話雖如此，我並非要男人把所有事情的主導權都交給女人。女人突然要承擔這一切，必然會感到困擾。

剛開始只要讓女人「選擇餐廳」即可，男人們，別和過去約女人吃飯時一樣，自己事先決定好地點。試著問女人：「想去吃什麼呢？」或告訴女人：「今天我們去妳想去的餐廳用餐吧？」

這麼一來，女人思考自己想吃的東西的同時，也會開始思考這個選擇是否能讓對方（男朋友）感到開心。雙方都能夠學會找出兩人可以一同享受的事物。

請男人不要插嘴，一點一點把主導權轉給女人，這很重要。女人握有主導權，就會變堅強、變體貼，產生「我必須振作一點才行」的想法。如果自己的決定能讓男友開心，還能得到主導的滿足感與優越感，這便是改變兩人關係十分有效的做法。

特別是中高齡夫婦，一定要將主導權轉交給太太。

「妳說什麼鬼話？我家老婆已經很強勢了耶！」

我想有些當先生的人恐怕會這麼說，但那是因為男人打從一開始就擅自作主，老婆才會嫌東嫌西、挑剔個不停。就算是夫妻，和太太一起去吃飯時，如果能把主導權交出去，對太太說：「今天我們去妳想去的地方吧？」老婆一定不會嫌這兒、嫌那兒地抱怨，反而會回想老公喜歡的餐廳，費心讓兩人一起享受浪漫的氣氛。

而這種費心的精神，正與小惡魔性愛有關。

2. 引起男人性趣的打扮、表情與態度

交給女人去擬訂約會計畫，執行起來，雙方都會感到意外新鮮。

男人會覺得，自己彷彿被附近的大姐姐帶去玩耍般，處於被動立場；小時候討厭和母親出門，但只要鄰居姐姐一說：「我們去百貨公司吧」，男孩心裡馬上小鹿亂撞。不管女朋友年紀是否比自己小，總之有「姐姐要帶我去玩」的滿心期待。

相對來說，女人就成了「姐姐」。挑起男人「不好好牽手的話，會迷路喔」的感覺，但別把男人當小孩般對待。

想誘惑早熟的小鬼，最重要的就是打扮！要走清純風，還是性感風？

到目前為止，歸納大多數男人的說法，最好的打扮似乎是「不要過度裸露，又讓人無限遐想的裝扮」。

全部遮住，理所當然最能引發遐想。但包得太緊，反而讓人連想像的慾望都沒了。

那麼該露哪裡才好呢？我認為是「鎖骨」。

對男人來說，女人的「鎖骨」是性感象徵。不少男人甚至表示特別喜愛脖子和鎖骨中間的凹洞，所以我約會時最愛穿著V領衫。冬天的話，外面套上外套，進了室內就脫下外套，若無其事地露出「鎖骨」。

這做法對於大部分男人來說幾乎一擊必殺！

另外，兩人面對面對坐時，我建議女人身體朝男人的斜前方傾斜而坐。這是有過A片和寫真集經驗的我提供的獨門絕技！女人背部到臀部的S曲線能令男人亢奮，而胸形也因為這個姿勢而能更加凸顯。

還有一點，朝斜前方傾斜時，視線角度也會跟著改變。

女人如果不斷由正面凝視自己，男人根本無從悠哉地「鑑賞」，自然也不能在談話時，盯著女人的胸部和鎖骨看了。

所以，只要這樣坐，當女人轉開視線時，男人就能夠好好欣賞女人的身體曲線，也就能放大遐想。

女人只要享受男人的注視即可。

啊啊，在看了、在看了——心裡這樣想，外表則假裝不知情。

接著，女人要偶爾看看對方的眼睛。男人會因為這種不經心的裝扮和舉止而上鉤喔，有趣吧？

3. 身體的親密接觸由女人先開始

男人提高女朋友「小惡魔程度」的祕訣有一，就是「性騷擾」。基本上講到性騷擾，一定會想到男人觸碰女人。

聚餐等場合上，「牽起略帶醉意女人的手」或「把手圈上她的腰間」等觸摸部分身體的舉動，可挑起女人的慾望……。我想的確有那方面的意思在。

但我比較建議男人「讓女人主動觸摸」。

話雖如此，要女人主動挑逗、觸摸男人，實在很困難。被不熟的男人強迫觸摸手或大腿時，女人理所當然會覺得：「這傢伙搞什麼？」自然也很少有人會主動觸碰男人。

那麼，該怎麼誘導女人動手呢？

只要暴露自己的自卑即可！

男人反向操作，強調自己心中難以自傲的部分、自己討厭的地方，如粗短的手指、過細的手臂、凸出的肚子等。比方說，腹部滿是膽固醇的男人可以說：「這裡頭全都是膽固醇喔，要不要摸摸看？」用這種方式讓女人觸摸自卑的部位。當然有些女人會拒絕：「咦咦，才不要呢」；搞不好說：「我有練腹肌喔，要不要摸摸看」，女人還比較願意摸。但如果這樣，就無法提升女人的「小惡魔程度」了。

把自己的自卑當作笑話，這姿態才比較重要。女人多少會對自己的身體自卑，往往因為不希望被男人看見，而因此討厭做愛，或採被動姿態，想要盡可能掩飾。

可是，一旦男人率先露出自卑之處，女人就會感到心安，接著「安心」就會化成「憐愛」。嘴裡說著：「才不要」，手又一邊伸過去拍拍肚子說：「我看看」——這種身體接觸能夠提升彼此的親密程度，女人自然也會變得主動。

4. 約會時絕對禁止喋喋不休

接著我來介紹約會、聚餐時的技巧。

首先是，男人最好不要害怕「沉默」。最近的男人很害怕沉默，總覺得必須拚命說話，才能討好女人、避免對話中斷。

事實上，男人之間似乎有個理論，認為「擅長說話的男人受女人歡迎」。問題是，對話中斷的「沉默時刻」，正是女人用來考慮中意對象的時間。

（咦？沒有話題了嗎？）

（他會不會是累了？）

女人會像這樣開始關心起自己有興趣的男人。

然而，男人卻因害怕沉默，硬是一個話題接著一個話題，說個沒完。——其實完全沒這必要。

請記住，製造沉默，可以引起女人的關注。

不過，完全不說話則要另當別論啦……。

只要感興趣，女人也會主動打破沉默，做出一些反應。

如同前面所說的，我雖不曾參加過聯誼，但也經常和工作上相關的人或男性朋友去喝酒用餐。

這種場合中，比起受到眾人矚目的男人，我對不太說話的男人反而更有興趣。「他是一個怎樣的人呢？」由此轉而想更靠近對方，使關係更熱絡些。

相反地，最受歡迎的女人類型則是「讓現場充滿活力型」。

男人害怕陰沉的女人，容易受到有點笨、好懂又有精神的女人所吸引。

話雖如此，一定有些女人心想：「我又不是開朗型的。」

別擔心，做法很簡單，只要注意兩個重點即可：

一是「表示關心」：露出對男人的發言聽得津津有味的模樣，看著對方眼睛回應——光是這麼做，就能夠避免陰沉的形象。

另一點是經常表現出「崇拜對方」的感覺：不要否定對方的話，總之就是說些「好厲害」等話稱讚對方。

這種說話方式可能會挨女性朋友罵，不過男人的精神年齡普遍偏低，只要女人一吹捧，就會得意忘形。

看到男人這副德性時，女人只要告訴對方「你真可愛」就行了。表現出這種態度之後，相信會有許多男人誤會……。

但我覺得這樣也沒什麼不好。女人就是要受到各種男人喜歡才行。越受到矚目，女人才會越美麗；越多人注意，越多人表示興趣，女人才會越耀眼。

5. 沒有男朋友也說「有」，就是小惡魔

我想推薦給女人的「小惡魔技巧」還有一招：聚餐時，即使沒有男朋友，也請回答「有」。

儘管如此，仍執意追求的男人，才是「真男人」。

我想先問問男人，你們敢說自己問女人有沒有男朋友時，是真的對那女人有興趣嗎？

「妳有男朋友嗎？」

「有。我們還約好待會兒聚餐結束後要見面。」

聽到女人這麼說，男人就打退堂鼓……。這樣未免也太沒種了！

我不是不懂各位想要避開失敗機率高的女人，但像我這樣，即使沒有男朋友也說有的小惡魔不在少數。

女人其實正等著觀察男人聽到答案時的反應。一聽到有男朋友立刻放棄的男人，大概是不希望自己受傷、不想丟臉，屬於自我中心的類型。

相反地，即使如此仍不退縮，說：「妳有男朋友，我還和妳聯絡，真抱歉」，這種男人做愛時一定能夠捨棄羞恥與面子，和女人一同樂在其中。

意思也就是，這個時間點成了小惡魔和迷戀小惡魔的男人之間的關鍵時刻。

我再教各位女人一個私藏的小惡魔祕技。

這也是我常常使用的方法。如果認識了感覺還可以的男人，互換聯絡方式後，一個月左右都要刻意避不見面。

「改天一起吃飯吧？」即使對方主動邀約，也想辦法以各種理由推辭。就算真的很想見他，也要故意放著不管。

這麼做才能夠更了解對方。

遇到超棒的男人，當下心裡會有小鹿亂撞的感覺，這是最危險的時刻。這時候會過度膨脹夢想和期待，因而看不見對方是以什麼心態接近自己。許多女人會因為最初的小鹿亂撞而盲目，正中對方下懷，等到回過神時，已是任憑對方擺布的狀態。

我過去也是這樣。說來丟臉，十幾歲時有段時期我曾被一個男人玩弄，對方早和女友同居而我卻沒有察覺。每次被叫去他家，總是為了上床。可是一到晚上八點，他又會毫無理由地把我趕回家——一定是因為同居女友那時間下班回家的關係吧！

現在回想起來，把其他女人帶進和女友同居的房間，這種男人真是「爛咖」，但我也未免遲鈍過頭了！看到他家的衛生紙折成三角形，只憑他說一句：「因為姐姐來住了一陣子」，我就乖乖聽信了。

欸，姑且把我那些丟臉的戀愛經歷擺一旁。總而言之，相遇後一個月左右不要見面、棄置不管，才能夠更看清一個男人。

有些男人只要女人沒有主動來找，就不會和對方聯絡，這類型男人的目的終究只是身體。還有一種男人直覺很敏銳，算準死纏爛打就可以對抗女人的不聯絡。一旦與這種男人交往，對方一定會管東管西、諸多限制。

像這樣，觀察一個月左右不接觸，男人大抵上都會露出本性。

對男人來說，比起容易見到面的女人，好不容易才見到的女人比較有吸引力。

遇到有好感的對象，至少要避不見面一個月——這是我透過沉痛的經驗所學到的小惡魔祕技。

6.「期間限定」，放男人出去拈花惹草

大家覺得男人們，玩夠了嗎？

我認為，那些在性愛中主導女性的男人，大多是因為沒在外面玩夠的關係。說出這種話，似乎會惹來女人們的反感，但我認為男人應該多多在外面玩，並且充分體驗玩樂過程中得到的快感。

性慾太強沒辦法排解，就會「這個也想做，那個也想碰」。就是因為把這些事情全交給伴侶承受，兩人的關係才會不正常。

玩玩一夜情、排解性慾，不好嗎？

請男人們找特種營業場所，對方就能為男人們好好處理性慾問題，畢竟這是她們的「工作」，即使在床上由男性主導、只有男人獲得滿足也無所謂。

透過這些在外面玩的經驗，我相信男人們會發現，那種方式得到的快感竟如此廉價。

「原來用錢買來的性愛不過如此嗎……。」因而逐漸嫌棄這種玩票性質的性愛。

我當然也不希望自己的男朋友垂涎其他女人，或積極想和別的女人來點舒服的事。但是，要讓男人明白「還是和喜歡的女人做愛最棒」，少不了要讓他們在外頭玩玩。男人和女人都一樣，若不了解「玩票性質的性愛多廉價」，只要稍一擦槍走火，就有真的陷進去的危險。說不定直到一把年紀了，仍和特種營業的女子打得火熱，陷入不倫的泥淖……。

不知道玩票性質的性愛最後會走到什麼結果，只顧沉溺於眼前的快感裡，只會招致身敗名裂。

所以，男人們應該大玩特玩！但是，有一個條件——玩是有期限的。

男人起碼得在心中確實訂定規則再玩，比方說：「由今天開始的一年之內，可以找特種營業女子」或「這三年內，可以盡情靠一張嘴拐騙容易甩掉的女人」等。只要有個規矩在，相信大家都能本著原則，盡情玩樂。

另一方面，女人也應該在某種程度上對男人的愛玩「睜一隻眼、閉一隻眼」。別對男人說：「絕對不准去陪酒俱樂部等特種營業場所喔」、「去那種地方的都是爛男人」這種話，因為男人格外排斥束縛。

給了男人莫名的壓力後，接下來就會越要求越多，甚至出現不必要的桎梏。

「隨你高興愛怎麼玩就怎麼玩吧！」、「明天起的一個禮拜，我要和朋友去旅行，想玩就趁這段時間吧！」這麼說雖然有點怪，但有時也必須展現度量。

在一定期限內，給予男人出去玩的自由。

男人實在是難搞的生物。

就像俗諺所說：「棒打出孝子，嬌養忤逆兒」。偶爾也要硬是把對方甩開不管，才能夠「主導」對方（笑）。

7. 讓男性痴狂的「離別之吻」

好了，小惡魔戀愛技巧的最後一招，等男人成為俘虜後，如何讓男人跪下乞求「請和我交往」呢？我來介紹自己祕藏的招式。

首先是和男人約會或喝完酒準備回家之際，一定要給男人一個「臨別之吻」——說句「今天謝謝你」，然後輕輕一吻，接著說完「改天見」後，轉身回家。

原本估計有機會上床的男人這時會慌了手腳，滿心期待和亢奮的心情，結果卻換來六神無主的茫然（笑）。

男人一定滿腦子想找妳上賓館吧！可是妳卻只給他一個吻和拒絕。重複了兩、三次之後，男人會十分挫敗。想做得要命，妳卻始終不讓他上。

假如連吻別都沒有就回家，男人會認為「我釣不到這個女人」而放棄，轉而開始尋找其他獵物。所以給他一個安全的吻，才會使男人不至於打消追求的念頭。也就是讓他求生不得、求死不能。如同我在第一章說過的，小惡魔是「惡女」。

男人想必為妳深深著迷了，明明只差一步就能和妳上床，卻怎樣也走不到那一步。這股焦慮很難熬吧？我想男人會一心只想征服妳，就算捨棄自尊也要得到妳。

基本上，男人都只想要把妹，而不願意表現出自己的感覺。分明一心只想上妳，卻拿「稍微休息一下吧」或者「陪我」等藉口，試著找妳上賓館，完全沒拿出真感情，也完全不按程序來。大多數男人都沒打算交往，反正不管認識誰都是先上床再說。

保持這種曖昧關係上賓館的話，女人最終仍逃不過男人主導的命運。不讓男人如願，叫男人說出真心話，就是小惡魔的做法。

多來幾次「臨別之吻」，男人的身心都會成為妳的俘虜，趁這個機會教會他過去那些邀約全都沒用，只要對妳說一句：「請和我交往」就好。

妳或許會覺得這樣做好像在欺負人，但請仔細想想，這是給男人追求的機會喔！最後要讓男人主動表白——也就是叫他要像個男人。

如此，男人會好好開口表達自己的感覺，而女人聽完後也可以想想今晚要怎麼做。

順其自然不是好事！

男人想把女友變成魅力十足的小惡魔時，做法也一樣。

別理所當然就把女友帶進賓館，要採取請求的方式；話雖如此，我也不是叫男人誇張地說：「拜託妳，讓我上！」（笑）。如果這麼直接，只怕會嚇到女人。

上賓館前問一句：「妳還能多待一下嗎？」，這樣就好。

挑明了說：「我們來做愛嘛」，或什麼也不說直接牽手，或強迫女人接受自己的想法，或展現蠻力，強行拖進賓館等做法都不對，必須誠心誠意地問過對方的意見才行。

但也不能問：「接下來，要做什麼？」

別讓女人自己開口說出難以啟齒的答案。

「妳還能多待一會兒嗎？」這樣一問，自然而然就給了女人決定權。我認為這是邀女人上賓館最好的問法。

這麼一來，無論多麼「閉塞」的女人，都能毫無顧忌地開口說：「可以。」男人也滿足了「自己主動邀約」的感覺。

對，這就是女人體內「小惡魔」覺醒的時刻。

第四章

小惡魔極致性愛《前戲篇》

1.「角色扮演」可以改變女人

說到這兒，差不多該進入各位等候許久的「小惡魔極致性愛・前戲篇」了。

如果你以為能在「前戲篇」裡學到「俘虜對方的祕技」，那可就錯了！因為所謂的「小惡魔極致性愛」，基本上是「讓雙方都滿意」的性愛。

因此，為了讓各位體驗更歡愉的性愛，我想在這裡介紹兩人該做些什麼。

那麼，首先就先來說說讓女人變身「小惡魔」的最快方法——說穿了，就是「角色扮演」。

我說過，自己覺醒為「小惡魔」的契機，是在演出「女教師 MONO」時，對吧？我想，如果當時我演的是女僕或女高中生的角色，恐怕一輩子也不會變成現在的「穗花」。做愛時穿戴的東西，對女人居然有如此大的影響力，想像不到吧？

以我來說，只要穿上教師風格的套裝，我體內的某個東西就會突然覺醒。換個方式說，只是模仿角色打扮，就能讓我融入該角色。再沒什麼比角色扮演，更能夠改變女人的性格了。

「角色扮演」可說是通往小惡魔性愛的入口。

說起來，「角色扮演」也有各式各樣的裝扮，但穿著女僕或水手服等「可愛風」服裝的話，則根本成不了小惡魔。還是要選擇男人難以高攀的打扮，比方說女教師、空姐、女醫師、女警、賽車女郎……等。

「突然就來個制服變裝，似乎有點……。」有這點顧慮的話，改穿性感內睡衣也是一個方法。

只要穿上吊襪帶和網襪，女人就會感覺自己變成「痴女」。

附帶一提，我平常穿的丁字褲也能派上用場。

男人總覺得穿丁字褲的大姐姐很「性感」。光是穿著內褲的樣子，就能讓男人的眼睛如少年般閃閃發光，而我也會因此覺得自己真的是嬌媚的大姐姐，實在很不可思議。

不希望一開始就準備成套角色扮演服裝的人，不妨從丁字褲開始！

2.接吻重點在於「點到為止」與「柔軟的舌頭」

接下來我想談談接吻。

毋庸置疑地，接吻也是做愛過程中相當重要的行為之一。差不多可以說，透過接吻方式就能看出做愛的方式。

男人的吻如果粗魯隨便，女人會因此喪失慾望，好不容易高昂的情緒也跟著冷卻，滿心只想快點回家。接吻行為對於戀人間的做愛方式，就是有這麼大的影響力喔！

首先我想對女人說，如果妳對男人的吻逆來順受，那麼做愛過程中將會一直只是個被動者，直到最後。

倘若妳想變成小惡魔，絕不可以用仰躺姿態開始接吻。被男人看扁的話，就會一路受對方擺布，難以產生「一起歡愉」的感覺。

接吻時機要選在兩人都坐在床上、雙方視線同樣高度時。

這裡我希望各位注意的是，別一下子就讓彼此的唇瓣貼合上。

在快要碰到的時候「臨陣喊停」，享受這個「等待的片刻」。我認為這比任何焦急的攻勢都來得有效，明明雙方都想快點吻到，卻得忍住。性愛中的「等待片刻」，充滿了魅惑的魔力。

甚至我就不接吻了，直接轉攻耳朵。

我希望女人也要記住這點，不少男人的敏感帶在耳朵。耳朵一旦受到刺激，原本做愛模式全開、渾身是勁的男人也會酥軟。有機會請務必試試，會出現莫大的效果喔！

進一步來說，對耳朵的愛撫基本上就是「吐氣」；不是一口氣吹進耳朵，而是像在耳語般喘息──這種刺激方式最好。

補充說明一點，男人要愛撫女人的耳朵時，也別忘了在舔咬之前先「吐氣」喔！

回到正題。接下來，男人知道什麼樣的吻，能夠喚醒女人身體裡的「小惡魔」嗎？

男人接吻時經常因為亢奮而習慣吸吮嘴唇，並伸出舌頭在對方嘴裡胡攪一番。這樣子是不行的，因為男人想主導的感覺過於強烈了。如同我前面說過，接吻的方式也代表著接下來的做愛方式。──那麼，應該怎麼做？

故意安排由女人來主導！

這其中的訣竅就是「柔軟的舌頭」。

多數男人的吻，總是伴隨著強勢的舌頭，這樣一來，女人只好採取被動姿態，任由對方強取豪奪。

力量請小一點，放鬆且柔軟的舌尖，就不會給人強勢的感覺。拋開想要快點交纏的慾望，自然而然地將舌頭伸入女人口中，任由女人擺布吧！

女人喜歡男人柔軟的舌頭，軟Q有彈性、叫人忍不住想纏上去，並且轉而不正經地想主動攻擊男人的唇。

接吻時，兩人的手擺哪裡也很重要。男人雙手環上女人的腰，女人則抱住男人的頸。我認為這個姿勢最恰當，光是這個接吻姿勢，就能夠表現女人的主動索求。

話說回來，經常有男人問我：「該吻多久才好？」

答案很簡單，吻到女人膩了為止。

這道理也適用在整個做愛過程。沒有哪個女人會抱怨：「前戲太長了」，比起來反而較多女人覺得：「咦？已經結束了？」

所以，男人別自作主張認為：「做到這樣應該夠了吧」，當男人這麼想的時候，前戲多半還不夠。

接吻時，請把舌頭放軟，任由女方擺布，直到女人滿足為止。

3.男人先脫衣服

「原來要邊用柔軟舌頭接吻，邊脫下女人的衣服啊！」

先給我等一下！誰允許你脫女人的衣服了（笑）？

叫女人先脫光，這說不過去吧？女人會覺得自己好像是玩具。

小惡魔極致性愛主張「男人先脫」！

男人一邊接受女人的吻，一邊自己先脫衣服。這段過程仍要繼續吻到女人膩了為止。這舉動夠煽情，連女人都會忍不住想要伸手幫男人解開襯衫鈕釦。如果鈕釦已經解開，就會想幫忙把衣服脫下來，主導的情緒油然而生。

幫男人脫衣服的行為，會使女人感到異常興奮。但如果女人自己先被脫光，便只能難為情地躺在床上等待。相反地，如果男人先脫光的話，女人就會想要惡作劇。

試想看看，女人還裹得緊緊的，男人渾身上下卻只剩一條內褲，那樣子實在很滑稽……呃，這樣說好像有點沒禮貌噢（笑）！可是，心情上就是會有股莫名的優越感！接著，女人看向他昂揚的那話兒，於是自然而然就會想說：「咦？已經勃起了。好色喔你，想要我怎麼做呢？」

男人低頭看著全裸的女人時，會忍不住想舔著唇說：「好，接下來該怎麼料理妳呢」，女人也同樣有這種情緒啊！

順便告訴各位一個我曾經實際做過的惡搞方法。

有一次，讓男人先脫光的我，想到了一個小玩笑——就是叫男人穿上我的內褲。

說到這裡，我已經聽到某處傳來「變態」、「不會吧」等喊叫聲，但我大大推薦這種玩法。當時，我從衣櫃裡拿出最喜歡的紅色丁字褲、網眼透明內褲，還有拍A片時用的吊襪帶，問男人：「你想穿哪一件？」補充一點，訣竅在於不說：「你穿穿看嘛～」，而是一開始就預設立場「要男人穿」，直接叫男人選擇。

那位完全中計的男人傷腦筋思考到最後，選了紅色丁字褲（笑）。

主導男人在某種角度來說，或許就是讓男人「女性化」。一開始雖會為難地求饒，但心裡一定也很感興趣吧？所以，最後還是乖乖穿上了！只是女用小褲褲無法完全包覆他勃起的陰莖，蛋蛋們還從內褲兩側露出來，陰莖冒出頭來，那樣子非常滑稽，可是我們也因此度過了比平常更愉快的夜晚。

欸，這是我的愚蠢經驗！

不過，光是男人在女人面前全裸，就能帶來不曾留意的「娛樂」，想到這裡，就會發現做愛包括的層面更加寬廣了。

4. 胸罩扣子別解得太順手

就是這樣，男人先脫完後，再換女人脫。

不過既然都特地換上角色扮演的服裝了，可別一下子就脫得精光。不對，應該說，即使是平常的衣服也一樣。女人若隱若現的地方就是「魅力」的所在，穿著衣服做愛也是基於這個道理。女人會因為「自己正在被脫衣服」而血脈僨張，所以脫裙子時，緩緩由下往上捲高，這種狀態能夠讓女人「很有感覺」。胸罩也是由下往上拉起，露出半個乳房，比較有吸引力。

接著穿著衣服愛撫，從露出的肌膚開始撫摸起。比如說捲高裙子後，露出了大腿，女人的神經對於裸露部分比較敏感，所以由大腿開始撫摸。這也算是小常識，記住嘍！

話說回來，男人解開胸罩扣子時的專注力，真的是沒話說，連女人都可以感受到他們一心想解得漂亮的執念！

就像我一開始說的，過分表現出「我要讓女人高潮」的情緒，反而會讓女人反感。

我明白男人都想彰顯自己的技巧，但無論男人解扣子解得多順手，女人也絕不會認為：「好厲害」。那些用雙手解開扣子的男人，才真的能讓女人鬆一口氣。

因為，男人想用單手解開扣子，花了很多時間卻因此讓自己焦急不堪，會害女人感覺自己好像做錯了什麼。

因此，解胸罩扣子時，不用解得順手，甚至技術差勁更好，笨拙也無所謂。總之，請用兩隻手，小心地解開。與其表現那種神乎其技的「單手解胸罩扣子技巧」給女人看，不如把重點擺在脫下女人胸罩後的「肌膚緊密接觸」上。

儘管我那麼「小惡魔」了，胸部露出來還是會感到害羞，可能的話，我希望男人這時能夠緊緊抱住我。

肌膚與肌膚的緊密接觸能給予女人安全感，沉浸在對方的體溫和體味之中，更會讓人發暈。趁這時候再神不知鬼不覺地讓胸部露出來，這是最棒的做法。

我現在突然想到，或許男人抱住女人後，再用雙手脫胸罩這姿勢最好；這樣子不但扣子好解，女人也比較能夠安心等待。

5. 女人無法抗拒背部的愛撫

解開胸罩扣子——發展到這裡，正好能夠趁機從背後挑逗對方。

「咦？一開始就從背後來？」應該有不少男人這麼想。

最初的前戲該讓女人仰躺……一般人多半是這樣做。

可是要我來說的話，男人由上方俯看，總會使女人不自覺地警戒，還有種被強迫的感覺，進而想反抗——並非所有女人都希望「被撲倒」吧！甚至有些書會教導男人把女人壓倒後，按住雙手手腕等技巧。如果是我，絕對受不了。

意氣風發地表現「我在上面」的男人，其實是對自己沒有自信，想要隱藏軟弱的自己。這麼明顯，實在叫人厭惡。

話雖如此，一下子就要普通女人在上面也太勉強了。我認為女人還無法那麼大膽，是因為到這階段仍暖身不夠。因此我喜歡一開始先趴著，由男人從背後挑逗。首先舌頭由後脖子往肩膀滑動，慢慢移向背部。肩胛骨和背部兩側比脊髓所在的中線敏感，舔的方法和接吻時一樣，舌頭放軟，慢慢滑行。伴隨「吐氣」，也是一個做法。

背部愛撫比起正面更令人期待：「咦？這個人的技巧好像還不賴？」十個人之中有九個都從正面愛撫，因此學會背部愛撫這招能夠給女人帶來驚喜。

有趣的是，女人因為男人以意想不到的方式開始而感到驚喜後，也就會因期待男人接下來的表現而溼。

與其去改進扭乳頭或觸摸方式等小技巧，只要改變整體流程，女人就會認為「這個人很厲害」。

女人接受男人從後方挑逗的服務，自然會順理成章發展成——你服務我，我也要回報你。男人「從身後緊抱」的做法是最適合兩人一起享受的小惡魔極致性愛。

6.調情時讓對方脫下內褲

脫下女人的內褲，是前戲最高潮的一刻吧？無論是一起上床過多少次的對象，女人脫下最後一件衣物時，男人仍會滿心雀躍不已。

有些男人在面對熟悉親密的對象時，只會覺得「內褲真礙事」，一心只想盡快扒掉，但這樣就枉費了難得的美好時光。我希望男人多花點時間，有情趣地脫下女人的內褲。我最愛的做法是穿著內褲，扯動褲底，露出私處。對方看著我的私處時，眼睛會閃閃發光、呼吸會變得急促，再沒什麼比這更讓我心跳加速的，往往還沒愛撫，我就溼了。

前面我說過，穿衣服愛撫很能「點火」，而這裡是，原本遮住的東西被人看見，會使女人的「難為情」轉變成「慾望」。

女人雖喜歡內褲被脫去的一剎那，但如果只是一味被動，總覺得少了點什麼。而且興奮程度越高，越會展現出平常看不見的那一面。為了將自己的女友培養成小惡魔，男人不該錯過這一刻。

我想推薦各位男士的是，為女人脫內褲時，讓女人握住你的陰莖。

「穗花又在說蠢話了。」大家或許會這麼想，但請務必試一次看看。就連平常不敢自己主動「握鳥」的閉月羞花，也會在最後一件衣物被褪去，雀躍情緒一波接一波的推波助瀾下，不自覺觸摸伸到面前的那話兒——「原來為我脫衣服讓他這麼興奮啊？」

請回想看看，各位男士過去在脫下女人內褲時，是否有擺對姿勢，讓女人能看到你的陰莖呢？

女人一邊被脫去內褲，一邊看著你因亢奮而昂然挺立的那話兒，心中除了湧現「被脫光了」的被動情感之外，也會產生「把我脫光」的小惡魔情緒。不可思議的是，女人會因此更愛你呢！

看到雄性象徵因自己的身體而興奮，可說是身為女人至高無上的喜悅，女人也會因此想讓男人舒服，好回報男人。

男人邊脫女人內褲，邊把陰莖靠近女人的臉，要求對方：「可以摸摸嗎？」女人應該會一改原本的被動態度，帶著微笑伸手握上來。

我認為這舉動應該能使男人比平常亢奮兩倍，畢竟視覺上可以一邊欣賞女人身體的敏感反應，還可同時享受性器被握住的快感。

脫內褲的瞬間，正是男女雙方沉浸在折磨樂趣的時刻。

7.美妙的胸部稱讚法

若說陰莖是男人的象徵，那麼乳房就是女人的象徵。男人在意自己陰莖的大小，女人也會在意自己胸部的大小、形狀，亦即這其中有自豪也有自卑。

全裸的時候，大部分的女人都會不自覺地用雙手遮住胸部，就像對自己陰莖缺乏自信的男人去大眾澡堂時，會拿毛巾遮住下體一樣。

因此，我想對男人說，如果想要稱讚女人身體，首先鎖定「胸部」或「乳頭」。最近男人之間廣為流傳「反正誇到神魂顛倒就對了」的說法，老實說，當男人耳語著「好可愛」、「真美」等話語時，聽來很假。

可是聽到胸部和乳頭被稱讚，就算女人覺得是謊言，也不會覺得不舒服。男人聽到自己的命根子被女人稱讚「好大喔」、「我喜歡它的形狀」時，不也是很開心嗎？

換成女人的立場，聽見「胸部真美」、「乳頭真漂亮」，就是最具效果的迷湯。不過有一點要注意。稱讚胸部時，少用「大」這個詞彙。

胸部大的女人多半曾因那對豪乳而吃過不少虧。她們屢屢因為胸部大而遭男人取笑或變態騷擾，甚至忍不住要抱怨：「為什麼我要忍受這種事？」

所以，稱讚胸部時別提「大小」，請稱讚「形狀」。說「形狀真漂亮」也好，只要與大小無關，女人都能坦率接受。

再來，關於胸部的愛撫方法，我沒打算教導大家該怎麼揉、怎麼舔。勉強要說的話，就是別以粗暴到會痛的方式亂揉一通。

胸部愛撫和接吻一樣，都該放輕動作，舔的時候也用柔軟舌頭輕舔即可。

乳頭是僅次於陰蒂的敏感帶，不過以敏感程度來說的話，乳暈比乳頭更不耐刺激。因為乳頭是讓寶寶吸奶的地方，太敏感就無法餵奶了。相反地，乳暈一受到刺激會感覺搔癢，並將快感陣陣擴散到肚臍下方。

要說我是哪一種的話，我喜歡男人舔乳暈勝過乳頭。

乳頭小的女性如果一被舌頭和手指逗弄，很容易會造成擦傷、疼痛。前面我說過女人

「不會抱怨前戲太長」，然而如果一開始就覺得痛，當然會一心只想「快點完事」啊！
因此，愛撫胸部必須十分注意才行。

8.由「享受」的快感轉為「接納並回應」的快感

好了，胸部既然受到了愛撫，女人當然不能只當「死魚」。

講到快感，「接納並回應」比「享受」重要。

男人舔我們的胸部，我們就雙手捧住對方的後腦勺，像在稱讚、撫慰一樣，「好乖好乖」地摸摸他的頭吧！

無論多麼強勢的男人，本性都是愛撒嬌的小孩，頭被這樣一摸，就得到了慰藉。特別是女人的胸部是母性象徵，男人吸吮的同時若能「獲得接納並得到回應」，不管是身體或心靈都能夠放鬆。

女人也可以透過這個動作發揮母性，把「享受的快感」轉變成「接納並回應的快感」，「付出的喜悅」自會油然而生。

愛撫胸部之外的情況也適用。男人為女人口交時，女人只要輕撫男人埋在雙腿之間的腦袋，對方就會舔得比平常更投入、更用心。男人的感覺也會從「我來幫妳舔」轉換成

「妳需要我為妳舔」。

光是加上女人稱讚摸頭的動作，是不是哪一邊單方面主導，就不是那麼重要了。

如果現在交往的女友不是這一型，試著由男人主動誘導吧！男人邊舔胸部，邊拉過女方的手環繞住自己也可以。就算女人一開始沒有母性的感覺，只要抱著男人，心情上應該自然會感覺「是我在主導」、「你是我的所有物」，進而引導出愛憐的情緒，一點一點啟動小惡魔的特質。

男人展現技巧，一把抓住乳房，以下流方式猛舔堅挺的乳頭之前，先讓女人做好「接納並回應」的姿勢，我認為更重要。

9.「挑逗」就是讓對方「焦急」

等床上的關係對等之後，女人體內「想挑逗對方」的情緒也差不多逐漸升高了。女人開始想知道「只有我知道的你」。

話雖如此，女人大多不知道「挑逗男人的方式」，只能從男人身上學習。但是男人也不知道該怎麼教，只會說完：「試著挑逗我吧」就躺下，當女人問：「要怎麼做」時，男人也不曉得該如何回答。

結果能說的總是：「反正先舔吧」這類不具體的指示。因為男人少有被挑逗的經驗，所以不曉得如何正確指示女人，或告訴女人挑逗的重點。

那麼，該怎麼做才好？——我說呀！「挑逗」就是「讓對方著急」。

男人聽好了，當女人一問「該怎麼做才好」時，在還沒告訴她口交和舔乳頭的方法之前，先教她讓人焦急的方法。

照我前面所說的方式對耳朵吐氣也行，從「挑逗耳朵」做起，女人比較容易起步，叫她「吐氣」也比較好懂。而當女人吐氣時，也請務必以全身好好感受。

露出顫抖、難耐扭動的模樣，女人便會注意到：「啊啊，原來讓他焦急就好。」

幫男人口交時也一樣，別一開口就要女人「含老二」，而可以先問對方：「可以幫我舔大腿內側嗎？」

這種使人焦慮的方式，男人若沒主動開口，女人絕對辦不到。

因為，女人如果在男人開口前，就先以舌頭由大腿內側一點一點滑向胯下，男人怎麼看待這種女人？

「您真內行！」——是不是會這樣想？

女人不希望男人這樣看自己，所以不可能主動表現挑逗技巧。

可是，這種挑逗毋庸置疑能夠提升「主導的樂趣」。對方焦急、喘息扭動的模樣，就是「只有我知道的你」，也會讓女人「想要讓你更舒服」。

因此，我要傳授女人一招祕藏的「小惡魔式心焦技巧」。

不管耳朵也好，大腿內側也罷，一旦開始挑逗，男人就會想要觸摸妳的身體。這時候要說：「不准摸」，嚴禁對方觸摸身體。

男人被弄急了，就會想要快點獲得刺激，所以會更想要觸摸對方，要求妳：「快點過來這邊！」

這種時候，不可以讓對方稱心如意。

當男人發現觸摸遭到拒絕時，感覺就像自己的雙手失去自由。這種做法算是不用繩子或手銬就能玩的ＳＭ遊戲。不碰女人，卻能夠讓快感一點一點攀升；精神和肉體都被弄急了，卻只能無助難受地滾動。

看到男人這模樣，女人會開始越來越想品味「挑逗的樂趣」。

挑逗就是讓人心急——女人要記住使人焦躁的招式（男人要讓女人學會），然後逐漸變身小惡魔。

10.即使討厭口交也要接受

就算學會再多挑逗的樂趣，有些女人就是排斥「含老二」。我想，討厭幫男人口交的女人，一定比男人想像的要多很多。

我也討厭。無論自己多愛這個男人，我還是會覺得那玩意兒「很髒」，打從生理上無法接受——大概是這種感覺。

我開始當ＡＶ女優時，常常替男優已經戴好保險套的陰莖口交，這也是我討厭口交的原因之一。無論如何，我就是不喜歡用嘴含住光溜溜的陰莖（補充一點，成為痴女系ＡＶ女優之後，就是對沒戴套的陰莖口交了）。

偶爾會有女性朋友找我談陰莖的味道。

特別是男性經驗少的女人，因為不曉得男朋友之外的陰莖味道，所以經常覺得「男朋友的那裡好臭」。我很懷疑：難道其他男人的那裡就不臭嗎？

我想對這些女性朋友說的是，因為拍A片的關係而嚐過許多陰莖的我覺得，每個男人的那裡都一樣臭，差別只在於味道的種類，有的是汗臭，有的是小便味，有的是精液的味道……反正臭就是臭。

所以，這件事情只有試著去習慣了。世上沒有美味的陰莖，常做就會逐漸習慣。即使如此，還是十分在意味道的話，就好好和男人溝通吧！

我會直接對男人說：「臭～死了，去洗澡！」無法像我這麼強勢的女人，可以說：「我們一起去洗澡吧」，然後直接幫男人洗乾淨。

這一點，男人或許也一樣。最近越來越多男人對女人的陰部很頭痛。我經常聽到「不喜歡那個味道」等意見。

女人之中確實有些人覺得做愛前不洗澡也無所謂。我是絕對非洗澡不可，不過似乎不少女人在氣氛催化、進入做愛階段後，會覺得「不應該」中途開口說：「我去洗個澡」，打斷正在進行的事。無論哪個女人，只要一整天不洗澡，陰部都會有味道。

假如無論如何都介意味道的話，就唆使對方去洗澡。

問我怎麼做？我大概會希望聽到男人說：「請讓我清洗穗花小姐的那裡。」（笑）欸，把這當成遊戲的一環，就是最好的做法嘍！

11. 穗花流口交技巧「擰抹布」

我最近架設了一個網站，名為「穗花流 Girl's Talk」。這個網站受理女人的性愛煩惱，並由我來解答。比如前面說的，在意陰部氣味、害怕處女初體驗等女人之間的祕密，都可以在這裡聊。

其中最受矚目、也最多人發問的就是：「如何幫男人口交」。不曉得該如何幫男人口交、該怎麼用嘴就讓男人射精——真的有好多女人在煩惱這些問題。這也證明了想主導、挑逗男人的女人變多了。

原因在於，無論女性如何被動，幫男人口交都是性愛中，唯一由女人主動挑逗男人的行為。

舉例來說，男人藉插入得到高潮時，會藉由減緩或停止活塞運動，來調整自己的快感，這樣才能忍住快要射精的感覺。但是口交的高潮，卻是完全由女人主導。

女人最想做的，不是聽男人說：「用嘴幫我吸出來」這類侵犯式的口交要求，而是要讓男人無法克制自己的快感，而忍不住射精的口交。我想，這就是那麼多女人找我商量口交的原因。

對於這類有「痴女野心」的女人，我推薦「擰抹布口交法」。

妳或許會說：「難道沒其他更有格調的名字嗎？」

但那動作，我只能想到「擰抹布」。

那麼我就來解釋穗花流口交法的步驟。

也希望男人看看這一段。

我剛才也說過，男人會說「幫我舔」，卻不會具體告訴女人「我希望妳這樣做」或「舔這裡我會很舒服」。那麼我將以簡單明瞭的方式，分五個階段，告訴各位穗花流口交的具體步驟。

A 用舌頭舔睪丸、陰莖根部

一開始的挑逗很重要，嘴唇像吸盤一樣吸吮後，沿著同樣的地方舔是重點。

B只舔龜頭下緣（也就是「冠狀溝」）

龜頭和陰莖的凹凸處很敏感，舌頭舔過這些地方，男人會開始顫抖扭動。讓他焦急之後，由正上方用嘴唇把陰莖整個包覆，不過這時不可以突然上下移動嘴巴，否則會使男人忘記好不容易升高的焦慮快感。

C含在嘴裡，用舌頭包覆交纏

含住不動，就像要壓制住在嘴中跳動的陰莖，逐漸習慣後，可以同時用舌頭慢慢交纏陰莖。這裡的重點和接吻相同，女人也要謹記「柔軟舌頭」的原則含舔陰莖，舌尖別出力。女人可以拿自己的食指當作陰莖，模擬練習、找到訣竅。

D用手緊握

口交不是只用嘴巴刺激，如果一直用嘴口交，下顎會逐漸痠痛，所以中途要加上手握的動作。對男人來說也是一樣，比起只用舌頭，加上手握刺激應該更有新鮮感，也能獲得更多喜悅。

E最後再「擰抹布」

好了，最後收尾的部分就是前面說過的「擰抹布口交」。做法很簡單，首先，慣用手握在陰莖上方，另一隻手在下（根部）。不可以用力喔，輕輕握住，接著扭轉陰莖。慣用手包覆陰莖頭部，訣竅在於以手掌心轉動龜頭下緣一帶。這不就是擰抹布的動作嗎？接著不只用手擰，再一次用嘴含住陰莖後晃動頭部，像在扭絞、要吸走對方一樣。

男人因為打手槍和做愛的關係，早已習慣上下方向的刺激，所以難以抗拒這種「被扭擰的快感」，他們會因為意想不到的快感而血脈僨張、忍不住射精。

想讓女朋友變成小惡魔，最好的方法就是教她「擰抹布口交法」。

12. 幫男人製造小弟弟之外的敏感帶

擄獲男人，並非只要挑逗小弟弟就可以了。或者該說，男人會不會太依賴由小弟弟獲得的快感了呢？

由陰莖獲得的快感——也就是他們只知道口交或插入能讓自己開心，因而不自覺就任意妄為，害女人感覺自己像玩具。所以，我認為應該找尋男人陰莖之外的敏感帶——不妨來開發耳朵、脖子、乳頭等部分的敏感反應。

似乎也有不少男人對於陰莖之外的其他地方感覺「瘙癢」。「瘙癢」＝「敏感帶」，這點男女皆同。

女人被動接受挑逗的經驗較多，因此容易開發，不過用在男人身上就行不通了。但還是必須嘗試，這時當然需要女人的協助了。

做法很簡單，事實上已經有許多男人都知道了。

開發女人敏感帶時，是怎麼做的？

基本上就是一邊挑逗已知的敏感帶，一邊試著挑逗其他地方，大致是這樣吧？背部容易被搔癢的女人就讓她們趴著，男人伸手由背後繞到前面撫摸陰蒂，一邊舔著背部。光挑逗背部，只會覺得「搔癢」，但有了陰蒂的快感後，便會點燃「慾火」。

開發男人敏感帶的方法也一樣，刺激小弟弟的同時，也挑逗其他地方即可。想開發乳頭的話，女人可以一面口交、一面伸出雙手撫摸男人的乳頭。

當然，男人也該不怕羞地主動要求，透過這種方式找出小弟弟之外的敏感帶，女人能夠挑逗的範圍也就更廣，進而能以「挑逗」使男人獲得滿足。

13.穗花流性愛技巧「流口水」

為了讓兩人同享百分之百的歡愉性愛，女人必須化身「小惡魔」＝「慾女」。問題是，要同時顯露魅力和色慾，著實困難。女人恐怕不曉得該怎麼做，對吧？所以我要介紹一個自己拍A片時學到的「人人都能變慾女的方法」！要用到的就是「口水」。

女人學會利用口水，就能大幅提升情慾程度。

我拍的A片主要是「痴女系」，因此使用口水的場合特別多。比方說在M男臉上滴下口水讓他喝下，或要他舔去我嘴邊的口水，讓接吻也能有些變態、情色。

補充說一下，流口水這招，趁男人心焦不已時使用最有效。這是想接吻時最不費力的臨陣喊停法。

女人把嘴唇湊近時，男人會本能地吻上來，可是女人卻在嘴唇快碰到的時候停住，耐不住性子的男人說：「讓我吻妳」，這時女人可以邊說：「要讓你吻嗎」，邊吐口水。

站在男人的立場，被女人吐口水是相當屈辱的行為，可是當男人焦急不已、全身上下渴望快感之時，會全盤接受女人對自己做的舉動。

另外，流口水這招也可用在為男人口交時。光是從小弟弟正上方滴下口水，就能讓男人焦急。口水還能當潤滑劑，使沾滿口水的小弟弟滑順好使，發出下流的聲音。每回吸吮、放開龜頭下緣時，就會啾啵啾啵地作響。

在A片裡，「女人的唾液聲」十分重要，收音人員總是賣力收音。流口水是「視覺上的情色」，下流的響聲是「聽覺上的情色」。

使用口水技巧一定能征服男人，也能讓女人在床上看來更「肉慾」。

14.省略無用的「言詞挑逗」

「言詞挑逗」幾乎已經是性愛中理所當然的玩法之一了，我想部分原因也是受到A片的影響吧？我過去擔綱演出的是「痴女系」影片，因此不是受言詞挑逗的一方，而是開口挑逗的人。但在大多數A片中，多半是藉由男優巧妙的言詞挑逗，促使女人產生快感。

「看，這裡這麼溼，溼答答的。」

「這個洞叫什麼？不回答我就不摸喔！」

「啊啊，真是下流的臀部。」

每看身體一處、得到一次反應時，我總會聽到這些難為情的內容。最近的男人大概都是學A片，所以在床上也經常這麼說。可是這樣做通常沒什麼好評價喔！

各位男士可知道，有多少女人討厭男人像ＡＶ男優一樣說：

「哪邊舒服？」

「什麼東西放進去了，說說看？」

說起來，A片本來就是「供人觀賞的性愛」，與私底下的性愛是截然不同的世界，AV男優之所以用言詞挑逗，是為了對觀眾說明當時的狀況。

他們說「這裡好淫」時，是因為觀眾被馬賽克遮住看不見，所以才會實況報導：「這裡變得淫淋淋了。」

綜藝節目中，搞笑藝人若是說了有趣的話，畫面底下也會打出同樣內容的字幕，對吧？意思就和那個很類似，要同時滿足觀眾的「視覺」和「聽覺」，只能仰賴更有趣的「演出」。

所以，不可以直接模仿A片做愛！

另外，似乎有些男人喜歡在床上亂喊女人的名字，也有不少女人反映「這樣會冷掉」。還有不少男人喜歡不停、不停地確認：「可以嗎？這裡會不會痛？」

我覺得連「愛妳」或「喜歡」都可以省略。

男人為什麼那麼喜歡在床上說話？女人根本不想說些無關緊要的話。

為什麼？因為女人精神不集中就無法提高快感；不專注於提升快感，就無法感覺舒服。男人呼喚名字或問問題，會打斷女人的感覺。說實話，言語挑逗其實很「礙耳」。

無論男人如何言詞挑逗，女人都知道那只是在「演戲」，而且「想讓女人高潮」的企圖太明顯。

女人很清楚男人嘴裡說的「喜歡」，只是為了讓女人更有快感的「台詞」，並非出於真心。

說到底，做愛時談情說愛，只會讓女人認為：「為什麼要挑這個時候說」？如果是兩人充分享受性愛之後才說，還比較能夠理解，打得正火熱時說這些，實在……。

在展現這種三腳貓演技之前，男人應該坦然暴露自己的心，專注於快感上。補充一點，我認為男人與其用言語挑逗，不如由衷喘息，反而更能夠挑起女人的慾火。

15.讓女人興奮的男性反應

女人喜歡男人的喘息聲。男人能夠爽到發出喘息聲，會讓女人更有自信，感受到挑逗對方的樂趣，進而「想為男人做更多」。因此，男人在床上也應該表現出自己的快感。

男人似乎認為喘息很丟臉，這樣想就錯了。那根本是沒能敞開心胸的證據。再說，如果男人不喘，只會使女人感到不安！

也就是說，喘息聲也是為女人所做的服務。

不過也必須注意一點，與言詞挑逗一樣，「用演的」就沒樂趣了。

我覺醒為「S」之後交往的男人，剛開始也很害羞，後來他漸漸因為挑逗的樂趣而放鬆，會像女人一樣發出喘息聲。一定是因為他認為我喜歡他這樣，所以才會「啊嗯、啊啊嗯」地出聲表現他的快感。可是，那卻讓我不太開心得起來。

女人什麼樣的反應會使男人最感興奮？一定是難為情地忍耐，又忍不住喊出聲。

女人感受到挑逗對方樂趣的時機，應該也一樣。

我最喜歡男人被我口交時，舒服難耐地忍不住發出「唔」或「啊啊」等聲音的模樣。雙腿伸得筆直、身體顫抖的樣子更棒。

附帶說明一點，不曉得該拿故意喘息的男人如何是好時，女人可以擺出女王架式，要他閉嘴，說：「不准出聲，忍住。」（女友的嬌喘聲太吵時，男人也可用這招。）

男人要把女朋友培養成「小惡魔」時，只要換個立場，想想自己來挑逗的話會怎麼做，應該很容易就可以找到答案。男人或女人的「感覺穴位」相似，差別只在挑逗者和被挑逗者的立場相反罷了。

16.女人的淫聲浪語只需兩句

我雖對男人下「禁止言詞挑逗令」，但我卻希望女人要學會淫聲浪語。口水聲的例子也源自於此，因為男人的耳朵不耐情色誘惑。我甚至常聽說，光是女人的耳邊私語和嬌喘聲，就足以讓男人射精。

事實上，最近「痴女系」A片正「夯」，想必也是因為「隱性M男」增加了吧！不過，AV女優使用的淫聲浪語也是一種「視覺性愛」，幾乎無法運用在私生活上。

「怎麼已經這麼硬了，不覺得丟臉嗎？」

「姐姐的這裡已經變成這樣嘍，來，我用手指掰開，讓你看看裡面。」

這種下流話如果在床上說，男人一定會倒彈一百步！再怎麼想扮小惡魔，這樣也未免太過頭了。

不過，如果只是「啊嗯、啊嗯」地嬌喘，就不會嚇跑男人了。那麼，不露骨，又能夠點燃男人慾望的淫聲浪語是什麼？

我想到的只有兩種，不對，應該說只要這兩種就夠用了。

其中一種是「給我！」

這句話包含了「我還要更多」的意思在內，不但強烈激發男性自尊，也能給予自信。女人摻雜喘息聲說：「給我、給我」，原本提不起勁的男人也會燃燒。

這句話在男人幫女人進行口交等前戲時特別有效。男人想盡早利用前戲滿足女人，讓女人「願意讓我進去」（所以女人總會感覺意猶未盡）。這種時候如果對男人說：「給我」，原先對前戲厭煩的男人一定會願意繼續努力。

聽到「還想要更多」，男人心中會萌生惡作劇念頭，開始想著「偏要讓妳急一下」、「我偏偏要故意慢慢地、仔細地愛撫」。對男人來說，邊嚷著「給我、給我」邊扭動身體的女人非常可愛。

另一種就是「好爽！」

非常普遍的一句話，卻是非常情色的淫聲浪語。

男人就是想聽到女人說「好爽」，才會那麼賣力的，不是嗎？當女人呢喃著：「好爽」時，那瞬間，男人的喜悅無與倫比。

具體說來，光是陰莖插入時說：「好爽」，就能讓裡頭的陰莖膨脹，瞬間變硬。簡直像是一句魔咒。

「好爽！給我、給我！」

女人的淫聲浪語，基本上只要這兩句就足夠了。

17. 女人期待「自己辦不到」的愛撫

「小惡魔極致性愛」的基礎雖是由女人挑逗男人，但這並非表示男人完全無須挑逗女人。應該說，性愛不該總是單方面接受挑逗。

因此，我要介紹一個女人希望男人做的愛撫技巧。那就是：「自己辦不到的愛撫」。

簡單來說，就是希望男人為自己做自慰時辦不到的事。

女人自慰的方式因人而異，不過大致上都是乳頭和陰蒂、陰蒂和陰道、陰道和肛門……同時愛撫兩處。也就是說，女人希望做愛時，男人能幫忙刺激更多地方。

舉例來說，就是吸著一邊乳頭，手指撫摸另一邊乳頭，另一手刺激陰蒂。這樣子就挑逗了三個地方。其實，做愛不需要什麼了不起的技巧，只要同時挑逗三處，每個女人應該都會很開心。

老實說，與其用些爛招，不如慢慢攻擊這三處，還比較舒服。

男人為女人做自己辦不到的愛撫，能夠讓做愛更愉快；因為只有這件事是少了男人就無法體會的快感。

前面提過的乳頭和陰蒂，是自慰時經常愛撫的地方，既然如此，男人可以加上一邊接吻或者舔腋下，為女人做些自己做不來的動作，我想會更棒。

18.穗花流潮吹技巧「指交」

男人對女人做的舉動之中，最有問題的就是「潮吹指交」。（潮吹又稱為女性射精。因為狀態像鯨魚噴水，所以日本稱為「潮吹」。噴出的液體有說是尿，有說不是，目前未有定論。）

在我專為女性架設的性愛諮商網站「穗花流 Girl's Talk」之中，也有相當多女性提出關於潮吹的煩惱。

比方說，單身ＯＬ的Ａ小姐（二十七歲）幾乎無法和男人長期交往。她說即使有了肉體關係，她仍始終沒有交往的打算，理由是「交往的每位男性都會模仿Ａ片，快速抽動手指，想要我快點潮吹，總而言之就是很痛。可是對方又聽不進去。雖說自己假裝高潮、只想快點結束也有些不對，但我對這種做愛方式真的很沒力。」

也就是「潮吹」害她無法和男人正常交往。

我耳聞「想讓女人潮吹」的男人為數不少。老實說，我很驚訝。男人為什麼那麼執著於讓女人「潮吹」呢？

我自己演出A片時也曾潮吹過，但大致上正如A小姐所說，很痛。我想或許也和我身體或私處的敏感度有關，總之很少有覺得舒服的經驗。而且那狀況與其說是「潮吹」，不如說是「被迫潮吹」。感覺上不是身體自然湧出什麼東西，而是深處積存的愛液被手指強逼出來。

因此，潮吹後總覺得很不舒服，還留有「被強迫的感覺」。

潮吹的流行，正如同男人拘泥於「一定要讓女人高潮」的觀念，都是現代性愛的不良示範。儘管如此，每個男人仍希望把手指插入陰道，讓女人HIGH到外太空（嘆）。

因此，我想在此介紹一個穗花流的「指交」技巧。

首先，男人根本誤會了所謂的「指交」。指交時，手指不是「戳入」。不戳不就不叫指交了嗎？不，你錯了。

「指交」，是把手指「拉出來」。手指離開陰道時，女人會有快感，因此不是不斷把手指往陰道深處插入，而是往陰道外拉出。

男人根本誤會了這點，才會造成越來越多女人討厭指交。只說一句「拉出來」恐怕很難懂，我再進一步解釋清楚好了。

手指插入後，指腹貼住陰道上壁，手指插入到第二關節處是最佳狀態。對，碰到的就是G點附近，那個有點脹脹的地方就是了。接著，指腹貼著G點輕輕搓揉，然後指腹往上移動。這樣做，女人的陰道內側會很快就開始發熱。

只要這點刺激就夠了，手指不需要深入到更裡面。

邊這樣輕輕按摩，手指一邊往陰道口拉出。陰道口上方有個粗糙的部分，那裡也是敏感帶，所以手指到了那裡要掠過般輕輕抽出——只要反覆這動作即可。

無須勉強「讓女人高潮」，只要「拉出手指」就好，不少女人因為這簡簡單單的動作就達到高潮。我想愛液量多的女人，這時就會潮吹了。

指交是緩緩按摩、拉出——別忘記嘍！

19.小惡魔電動按摩棒愛撫術

潮吹之外，最常被討論的就是「成人玩具」。

我當AV女優時，也用過電動陽具或電動按摩棒等成人用品。最近種類相當豐富，讓我驚呼「這是什麼？」的東西也不少，還有能夠裝在電動按摩棒前端的附屬配件等。

多變的成人玩具的確能增添做愛時的情趣，我認為是很好的輔助道具，但是手持這些「武器」後，男人的挑逗方式也越來越自私、越來越亂來了！甚至有男人把女人當作是實驗桌上的白老鼠，拿多功能電動陽具侵入女人的身體，進行各種嘗試，或不斷把按摩棒推呀推的，一心想讓女人潮吹……。

這根本糟蹋了特別設計的前端配件。

因此我想說出女人的真心話，教大家「成人玩具的正確使用法」。

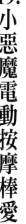

這裡所說的道具是電動陽具，只要一個電動陽具就夠了。

首先，男人拿著電動陽具，請女人引導男人拿電動陽具靠近自己的私處。男人也可在一開始就問女人：「怎麼做妳會舒服？」

為什麼要讓女人來引導？因為男人總會搞錯地方。就算是陰蒂，是抵著陰蒂右邊比較舒服，或是由下往上推比較舒服？每個女人的位置和角度都不同。無論男人如何賣力，大概都沒辦法馬上攻擊到正確的位置。

可是叫女人自己拿電動陽具的話，就和自慰沒兩樣了。因此怎麼說，還是由女人來引導男人的手最好。

更重要的是，這種做法能夠兩人一起享受電動陽具帶來的歡愉，不會再有「居然需要用到輔助工具」的感覺。

電動陽具可以帶來手指和舌頭無法滿足的刺激，其實很舒服。

小惡魔式電動按摩棒愛撫法，請務必試一試。

20. 勾起女性性趣的方法

雖然男人不一定有對女朋友說，但其實他們心中都藏著許多很想嘗試的性愛玩法，比方說「自拍」或「ＳＭ」。夫妻的話，或許對「多Ｐ」有興趣。

別在意，因為女人也有無法對男朋友說的病態幻想。只要雙方能夠體諒，進而共享，就不構成問題——只是，情況似乎沒那麼簡單。

討厭就是討厭，不要就是不要。偏偏多數男性為了滿足個人喜好或性癖好，會要求女友：「試試那個」、「做做這個」。被這樣強迫，女人反而不想照辦。

我在「戀愛技巧篇」中提過，「必須給予女人主導權」。做愛時也一樣。讓女人做主，女人自然會湧現服務精神。

如果想自拍性愛影片，把攝影機交給女人，表示：「妳來決定該怎麼處理。」

我想女人不會當場回應。

可是一旦把攝影機交給她們，過了幾天，手握決定權的女人便會開始思考該怎麼做。

男人可以趁這時候主動說：「上次給妳的攝影機，要不要用看看？」

如果有想嘗試的遊戲，別強迫，將決定權交給對方，一定會得到與過去截然不同的反應喔！

21. 對害羞的女性試試「反69」式

有一個玩法，是男女朋友無論如何都要嘗試的，就是「69式」。雙方為彼此含簫品玉、互給快感的「69式」，也是小惡魔極致性愛中不可或缺的一招。光是女人跨坐在男人臉上這姿勢，就夠小惡魔了！女人在心情上也會自然變身為「姐姐」或「痴女」。

另外，之後的「插入篇」中我也會提到，女人感覺最舒服的時候，就是陰部經男人舔過後直接插入時。所以，最理想的做法就是「69式」完後，一竿進洞。

但是我也常聽到男人抱怨：「女朋友不讓我用69式。」

的確，以前的我也很抗拒「69式」。

理由是害羞，就是這樣。

因為那姿勢除了陰道外，連屁眼也會清清楚楚地展現在男人面前……。

只要沒了那份羞恥，相信每個女人都會樂於享受「69式」。

去除羞恥的方法，我想只有「習慣」。

那麼我是怎麼習慣的？就是要男人在上面！也就是所謂「反69式」。

女人採仰躺姿勢，屁眼就不會被看見。而且「反69式」的好處是，陰蒂能夠由上往下接受愛撫，和平常的口交（多半是由下往上）相比，又能夠多體驗一種不同的刺激。

透過這種方式暖身，同時感覺口中的陰莖逐漸變硬，女人會感覺很幸福。

只是稍微改變姿勢，就能消除難為情，並體驗「69式」互舔性器的絕妙之處。

如果女人討厭「69式」，可以試試「反69式」，就可以減少害羞的問題了。

22. 試試「腿交」吧！

知道什麼是「腿交」嗎？

男人或許在特種營業場所體驗過，就是陰莖不插入，只在女性陰部摩擦的方式。事實上這種方式對於提升女性的「小惡魔程度」相當有幫助。

為什麼腿交有助於提升「小惡魔程度」呢？

原因之一是，一旦陰莖插入後，女人就沒有多餘心思去「讓男人高潮」了。

可是腿交卻不會。不插入，只以陰莖前端抵著陰蒂扭腰擺臀，反而提高男人想要「快點進入」的慾望和焦慮。

透過享受這種狀態，女人心中的「小惡魔程度」也會跟著提高。

做法有正常體位，也有騎乘體位等，形形色色，我最推薦的姿勢是女人橫向側躺，讓男人從身後抱住。也就是男人彷彿要插入似的，用陰莖摩擦女人的臀縫。說起這姿勢為什麼好，因為這姿勢方便女人接觸陰莖。可雙腿併攏夾住陰莖，也可用手指觸摸龜頭，或愛撫自己的陰蒂，什麼玩法都可以。

再者，男人由身後緊抱自己，女人會有安全感。背後的男人「唔」地出聲或興奮到開始粗喘，也能讓女人情慾高漲。沒插入，所以女人不會受到強烈快感的襲擊，還能夠自己動腰，樂在其中。

我之所以推薦腿交，還有一個原因。不管是拍A片也好，私生活也好，我做愛時絕對「要求男方戴套」。可是我也想要享受不戴套的互觸快感。

這種時候，腿交就是最佳選擇。

可以磨蹭被自己愛液沾溼的陰莖，一邊任由想像馳騁「現在是沒戴套做愛」。

大家務必要試一次腿交，這種「假插入」深具魅力。

23. 浴室是小惡魔世界的寶庫

好了，差不多該替小惡魔極致性愛前戲篇做個總結了。

最後，我想談談能使具備小惡魔潛力的女人發揮意想不到本領的情趣遊戲。女人享受過挑逗的樂趣後，會發現在浴室能玩得比床上更愉快。浴室可謂是小惡魔世界的寶庫，我大力推薦。

說簡單點，差不多就是土耳其浴。在浴室裡大玩土耳其浴，幾乎是女性挑逗男性的經典之作。

可是如果家裡浴室太小，沒辦法玩土耳其浴，該怎麼辦？既然這樣，就去有大型浴室的旅館。浴室空間帶來的樂趣，值得投資。原因在於，浴室容易製造絕佳氣氛。

關掉浴室的燈，在澡盆裡飄幾個蠟燭（市售的產品），馬上就能置身於非常浪漫的氣氛裡。而這個浴室遊戲中少不了的，就是「洗身體的人」。

洗身體的行為能讓彼此變得淫亂。女人用沾滿泡泡的手幫男人清洗那話兒，光是這樣，男人就有「受到挑逗」的感覺，女人則會覺得「自己做了色色的事」。

補充說明一點，土耳其浴的技巧之中，有一種稱作「鬃刷」。就是把女人的陰毛看成鬃刷，替男人清洗手腳的玩法，這個我也大力推薦。

女人用自己身體清洗男人的身體，自然能品嘗到挑逗的樂趣。即使浴室太小，只要有澡盆就能辦到。我自己的話，最想坐在澡盆邊緣，讓男人替我口交。

這樣做感覺自己好像女王，會忍不住想撫摸男人埋首在自己胯間的頭，稱讚他：「好乖、好乖」。

反過來，讓男人坐在澡盆邊緣，女人幫他口交也可以。當然，別忘了用上「擰抹布」那招！

於是，浴室成了「小惡魔極致性愛」的絕佳場所。

上床之前，不如先進浴室享受一下吧！

第五章

小惡魔極致性愛《插入篇》

1. 讓女人幫忙戴套

從前，一位我認識的雜誌記者（男性）曾說：「前戲是女人的時間，插入是男人的時間」。因為前戲主要是用來刺激女人的敏感帶、伺候女性，而插入則換男人享受。

這完全是自以為是的說法。

第二章的「女人真心話」也提過，對女人來說，「契合度」的判斷依據，來自陰莖和陰道結合瞬間的感覺；甚至認為這部分如果不合，在一起也就沒意義了。

只要前戲開心，女性就滿足了——這是男人自以為是的謬論。對女人來說，插入缺乏快感的性愛，除了痛苦，還是痛苦。

話雖如此，也並非所有女性都享受插入的快感。

事實上，我原本也一直排斥陰莖進入我的身體。當時我感覺自己像是提供男人洞孔、只是排解性慾的道具。

為什麼我會產生如此令人寂寞的想法，我想，應該不用再對已經閱讀到這裡的各位說明了吧？因為當時的我只是被動接納，沒能與對方一起沉浸於性愛中，而是如「插入是男人的時間」這類不合理謬論所言，將性愛都交給男人主導。

記住「女人也要讓男人高潮」（並不是有射精就算高潮）這點，性愛（插入）才能成為「雙方一同享受的時間」。

因此最後一章，也是小惡魔性愛的總結，就談「插入」。

首先，在提出具體的插入技巧之前，有個重點請大家注意。我想重申一遍：如果不想懷孕的話，做愛時請務必戴上保險套。此外，現代社會有這麼多解決不了的性病、愛滋病問題，卻仍然有太多情侶做愛時不確實使用保險套。

男人當然覺得不戴套比戴套舒服，所以不想戴。最近也有越來越多女人敢主動要求男人「戴套子」，但我仍常聽到不少女人在煩惱著「不敢主動要求」。

更叫人驚訝的是，女人之中居然也有人覺得不戴套，感覺比較好。

這狀況或許是因為目前的性教育落實得不夠徹底，也或許是個人想法的問題，總之找出原因，兩人一起面對，才能獲得解決。

不戴保險套的性交的確很舒服，我明白雙方都不戴套是為了追求快感。但是，我希望大家認真看待「避孕」這件事。女人幾乎人人都討厭不避孕的性交，或許該說是害怕。懷孕後又不能生下孩子時，受傷的一定是女人。

沒避孕狀態下的性愛，充滿揮之不去的不安，令人難以真心享受。為了讓兩人享受性愛中意想不到的歡愉，絕對少不了避孕。

那麼，該怎麼做才能聰明避孕呢？

我認為，可以把幫男人戴保險套的舉動視為一種快感，這舉動也可說是小惡魔性愛的精髓。

請想像一下，兩人結合時，女人都在做什麼？是不是呆呆看著男人的行動？他會不會為我戴保險套？會用什麼體位開始？——大致上都像這樣，自然就採取了等待的姿態。

這可不行！男人準備動手戴套時，女人可以說：「我幫你戴上。」

女人握住勃起的陰莖，幫男人戴套子，這就是調情，看起來很像女人積極想要。如果男人是第一次，搞不好這時候就會射精了（笑）。

女人可以藉由這麼做，讓男人不抱怨又達到避孕的目的；而且撫摸接下來要讓自己舒服的陰莖也會使自己血脈僨張；女人感受到陰莖的硬度和火熱，慾火會越燒越旺。

更重要的是，女人可以藉由這動作，避免慾火因「等待」而消退。

老實說，無論多麼完美的男人，替勃起的陰莖戴套那德性，怎麼看怎麼滑稽。「我會選在愛撫時，渾然無所覺地戴上。」我想有些男人是這樣，不過這樣反而給人「閱女無數」的感覺，而澆熄對方的慾火。

另外，男人戴套時，會中斷做愛的過程。難得氣氛正浪漫，卻只有那一刻莫名的寫實……。所以，最好盡量讓這個空檔不那麼難熬。藉由女人幫男人戴保險套，正好可以用調情的作法來解決問題。

如果女朋友很害羞內向，無法主動開口，男人可以說：「能幫我戴嗎？」我想不會有哪個女人會拒絕說：「你自己戴。」

女人邊挑逗男人，邊替男人戴上保險套——這就是我推薦的小惡魔式避孕法。

2.命根子的大小，不在考量內

提到這，因為我原本是ＡＶ女優，所以女人經常問我：「ＡＶ男優的那個很大嗎？」

這些女人大多是在旅館和男朋友一起欣賞Ａ片時有感：「咦？ＡＶ男優的那個，為什麼那麼大？」

雖說影片會打馬賽克，但大致上還是可由ＡＶ女優幫男優口交時，嘴巴張開的大小來判斷。

男人經常希望女朋友看Ａ片，但這樣子好嗎？

因為女人看Ａ片時總是直盯ＡＶ男優的那話兒瞧。如果那是自己不曾試過的尺寸，自然會充滿興趣。在我的網站上出現的這類問題，就是最好的證明。

我想ＡＶ男優的陰莖，確實比標準尺寸大一圈。

其中也有沒那麼大的人，不過大抵說來，多半算大尺寸的。

我剛開始做這工作時也曾想過：「可能只是今天遇到的男優碰巧比較大吧？」

可是當我發現下一位、再下一位也都擁有同樣雄偉的好東西時，真的嚇了一跳。A片的主角是女優，不過陰莖也算是男配角。可愛的女人幫男優口交時，就畫面上來說，把整根陽具含入口中會比嘛嘴吸吮陽具更令人感到誘惑。

也就是說，AV男優的陰莖，是襯托女優魅力的「演出道具」。（感覺上，「大鵰男優」接到的CASE也較多。當然這只是我個人的臆測！）

所以，女人不可以看完A片後，就開始比較起AV男優和自己男友胯下的東西。因為男優的那話兒，基本上都大過標準尺寸。

話說回來，陰莖大小與做愛其實沒有絕對關係。在身體契合度上來說的話，適合自己的大小很好，但不表示越大越好。我也是走痴女路線後，才不再在意那話兒的大小。

真要說起來，痴女這種小惡魔最大的樂子就是「逗鳥」。因此，坦白說，只要能夠勃起，大小都無所謂。

基於這點，對自己的命根子缺乏自信的男人，更應該要女朋友學會「小惡魔極致性愛」才好。

3. 較大的陰莖，會使女性陰部鬆弛？

陰莖並非越大越好。

說這話時，我想起一位女性朋友，姑且稱呼她為小K吧！現在是女大學生的她，前男友的那裡似乎大於常人。根據小K的說法是：「像撒義大利麵用的起司罐那麼大。」聽起來還真是尺寸驚人啊！

小K每次和男友見面，總得將那瓶「起司罐」放入下體。因此分手後，她便很擔心自己的陰道是否鬆弛了。

事實上，她後來和其他男人上床時，就算對方尺寸也不算小，仍無法獲得滿足。明明和「起司罐」男友做愛時能夠高潮，和一般陰莖做卻高潮不起來……。

當然這只是小K想太多了！女人的陰道伸縮自如，就算生過孩子，也能夠恢復原來的大小。

擔心自己會不會鬆掉的小K，之後的處理方式就是不斷和各種男人做愛。她希望就算做愛對象的那話兒不大，也能夠感覺舒服。沒想到卻因此感覺越做越鬆……。

其實我剛當上ＡＶ女優時，也有同樣感覺。最近插入的都是些「大鵰」，陰道會不會鬆掉？於是我用自己的方式調查，得知無論大鵰如何衝撞陰道，其實都不會變鬆，我這才放心！

不過確實會感覺到變鬆啊！

進一步調查後，我才知道那主要是因為，做愛頻率太高，陰道過分習慣陰莖的摩擦，因此才會有鬆掉的錯覺。

也就是說，只要一陣子不做愛，感覺就會恢復。

女人如果煩惱自己的陰道最近是不是鬆弛了，只要稍微忍耐一陣子不做愛，就能夠再次體會到舒服的壓迫感和充實感。

4.嚴禁問不舉男：「要不要緊？」

介紹插入技巧之前，我要提一件事。

各位都有過這種經驗吧？就是真正進入做愛階段、那話兒已經插到一半時，男人突然軟掉了。

身為女人的我當然無法了解軟掉那一刻，男人的焦慮和煩躁，不過女人同樣會覺得難受；她們忍不住會想：在你面前的我這麼沒有魅力嗎？

這種時候，雙方都會喪失自信，現場瀰漫一片難受的氣氛。

這時男人會怎麼做？我記得多半都是自己拚命想辦法，設法讓那話兒恢復英挺。可是，這是最糟糕的做法！在女人面前逗弄自己的那話兒，企圖使它勃起，實在不像話。

為什麼即使變成這種情況，男人仍會堅持「插入」呢？就算後來重振雄風了，半路軟掉這件事情，早已對女人造成傷害。男人選擇這種解決方式就錯了。

女人的真心話是：如果沒辦法插入，何不就用「手指或舌頭讓我高潮」？慾火狂燒的身體被男人丟在一旁，女人也很困擾啊！

那話兒如果不行，用手指或舌頭都好，總之，女人就是希望能暫時獲得滿足。

雖然留下沒能勃起、中途掃興的打擊，至少能多少排解女人身體的疼痛。

可是男人卻拚死想讓那話兒再次勃起，要是最後還是不行……這樣一來，不就兩邊都沒獲得滿足嗎？要女人來說的話，只覺得男人為什麼連這麼單純的事情都不懂？真的，不懂的人好多！

說到這裡，我認為女人也該稍微細心點才是。

就算沒（不能？）直言對方是「不舉男」，但妳是否不自覺問了：「要不要緊？」

這句話對男人來說是禁忌！

事實上，我也曾不小心說出口。拍A片時，男優曾經半路熄火，工作人員說：「等勃起吧！」我也在現場等著男優重振雄風。

男優離開現場，一面冷靜自己，一面逗弄自己的那話兒，試圖以各種方式讓它復活。做愛是他們的工作，因此不能用一句「站不起來，不能做」就了事。我想那種壓力之大，難以比擬。

就在我第一次遭遇「等男優勃起」的狀況時——在導演和工作人員的冷眼注視下，男優在角落搓弄陰莖，看來好可憐。於是我走近他，問：「要不要緊？」結果導演把我叫到其他地方，給了我一個大白眼。他說：「那種話反而傷害男人！」

啊啊，原來如此——因為那次經驗，讓我知道那種時候不能問：「要不要緊？」

但我想多數女人不懂男人心，男人軟掉時，女人只想著要幫忙……這或許是一種方式，不過穗花認為，要求男人「用手指和舌頭讓我高潮」，才是最好的做法。

這種時候不如直接教對方怎麼做，最容易讓自己達到高潮。對女人來說，男人舔著乳頭同時撫摸陰蒂，或者幫女人口交同時撫摸乳頭，都是「容易達到高潮」的方法。

總之，在男人不行時，優先考慮自己的慾望。

或許妳會認為不該只顧慮到自己，但男人反而會覺得自己因此而得救。

如果這樣做能讓女人愉快的話，男人的慾火說不定會跟著高漲，甚至那話兒也可能因此自動復活。

5. 微軟，比較舒服

半路「消風」的那話兒固然討厭，但並非堅硬如鋼的那話兒就好。我其實喜歡軟屌勝過硬屌，軟屌的意思不是軟趴趴到無法插入的地步啦！

中年男性常說：「最近勃起不是很挺……沒有以前的硬度了。」但就是這種堅挺度最舒服。

四十幾歲的AV男優也不在少數，因此我體驗過好幾次「軟屌」的滋味，比起硬邦邦的那話兒，軟屌比較舒服，特別是「中央堅挺，但有點柔軟」的那話兒最棒。

我認為和我同樣想法的女性應該不少。因為太過堅挺的陰莖插入陰道深處時會痛，好像內臟都被戳到了，還談什麼快感？

相較之下，「軟屌」的緩衝性較佳，就算直達深處也不會覺得痛。頻頻衝刺時，身體會有股輕飄飄的快感。另外，我在前面幾章介紹過「腿交」等，也是軟屌比較舒服。軟屌容易變形，能夠仔細磨蹭陰蒂。

所以，我覺得中年男性無須感嘆「陰莖不如年輕時候那般硬挺了」。其中甚至有些人想藉著吃威而剛來提升勃起能力。但我想，只要還能插入，中央堅挺、有些柔軟的那話兒，其實剛剛好。

補充說明一點，我並不是說不可以吃威而剛，只是在莫名其妙的狀況下勃起，似乎有點奇怪。

怎麼看都是有些年紀的男人，照理說不應該那麼堅挺，陰莖卻像黏在小腹上般直挺挺地勃起。這與其說好棒，不如說好可怕，叫人有點倒彈——不需要那麼起勁吧？

如果因為勃起能力衰退，所以想吃威而剛的話，最好事先問一下床伴：「我希望能和妳更盡興，可以試試嗎？」

在知情的狀況下面對挺立的陰莖，女人也會比較開心吧？

半路陽痿最糟糕、軟屌剛好，還有威而剛——我似乎亂說了不少話，但這些都是女人的真心話。希望各位男性了解女性多麼渴望找到合適的那話兒！

6.女性快感呈M字曲線

哪個時間點插入最好?——這也是我經常被問到的問題之一。意思也就是,「應該在女人快要高潮之前才插入嗎?」或「應該等女人有快感後就插入?」

男人似乎都曾有過這種煩惱。那麼,我來解答!

答案是,後者,「等女人有快感後就插入」,而且是一有快感就馬上插入。讓女人充分體會快感後,以泰然自若的樣子表達出「好了,差不多該最後一擊了……」的態度並緩緩插入——這樣不行!

女人一有快感就立刻插入!而且根本沒必要慌慌張張的,因為女人在有快感時,也用不著男人做多餘的愛撫動作了。

原因在於——這樣可讓女人的快感期變成「M字曲線」。一旦有快感後,會有另一波更強大的海浪來襲,也就是所謂的高潮,而且可能是「連續高潮」——女人一次做愛可享兩次以上的高潮。

我雖說過，不該堅持讓女人「高潮」，不過照我所說的去做，做愛一定會變得更加愉快。為此，我在前面章節介紹過「69式」，在「69式」之後插入，是自然發展的情況。互舔彼此的性器，最後女人獲得快感了，男人也因為女人的口交而充分勃起，而且女人也能夠替眼前的陰莖戴上保險套。

我後頭會提到，小惡魔式的插入體位，是由「騎乘體位」開始，男人仰躺著馬上就能夠插入結合。

補充說明一點，說到為什麼一旦有高潮後，就很容易有第二次高潮？因為一旦達到高峰，女人的陰道會變得敏感，陰道內會產生收縮的感覺，這時插入陰莖，能夠更強烈感受到陰莖的硬度與熱度。再進一步說，身體因為已經高潮了一次，正好無力，這狀態也是最容易接納高潮的時候。第二次高潮會比第一次強烈。第一次是「好爽」，第二次甚至能感覺到「好幸福」。

女人的快感呈M字曲線，記住這件事，我想對床笫之事會有幫助。

7.小惡魔式「變換體位」

好了，差不多該進入正題：小惡魔式「插入法」。

該怎麼做，才能「讓男人高潮」？

基本上就是一句話：「別讓他把陰莖抽走」。這點在男人看的教戰手冊裡也經常提到，做愛做到一半把陰莖抽走，會大大降低原本高亢的快感，好讓做愛時間延長。但是男人三不五時變換體位，胡亂把陰莖插進、拔出，其實只讓女人心裡覺得不舒服。

變換體位最多三次就好；這當然沒有一定，但如果變換超過三次，女人就無法安心沉浸在快感裡。

這種場合，市面上的教戰手冊經常提到基本的流程是：

「正常體位」→「蓮花對坐式」→「騎乘體位」。

也就是一開始讓男人在上面炒熱氣氛，最後女人淫蕩擺腰。

推薦這種流程，是基於男人到了後半會累，對吧？

可是小惡魔極致性愛要推薦順序完全相反的做法：

「騎乘體位」→「蓮花對坐式」→「正常體位」。

這才是最流暢，且最能夠享受小惡魔性愛的體位變換法。

為什麼一開始讓女人在上面最好？

原因很多，最重要的是能夠開頭就掌握主導權。我說過，平日就讓女人擁有主導權，女人會越來越堅強，服務精神也會越來越高。同樣道理在變換體位上也適用，由騎乘體位開場，能夠消除「插入是男人的時間」這種荒謬想法。

再者，騎乘體位的優點，就是女人能夠自行調整插入的深度。

這點相當重要。如果由正常體位開場，男人就會隨「性」所至地插入。開頭第一擊很痛。就算雙方是老夫老妻了，女人陰道的敏感度仍是每天不同，有時希望能夠「慢慢來」，有時希望「一鼓作氣」。

唯獨這點，無論男人如何細心，都無從得知。因為女人自己多半直到插入瞬間，也仍不曉得今天想要什麼樣的「活塞運動」。

可是，由騎乘體位開場的話，就能夠消除這份恐懼與不安，男人也容易掌握女人這天的「快感狀況」。

因此，我先由騎乘體位的做法開始說起！

8.騎乘體位的重點在於臀部律動

我提過，由騎乘體位開始變換體位，是最棒的做法！但傷腦筋的是，居然不少女人不曉得「騎乘體位怎麼做」。

直到拍A片之前，私底下男友要求採用騎乘體位時，我也不清楚該怎麼做才好。社會上有那麼多女人「討厭騎乘體位」，我想一定只是因為「不清楚做法」＝「麻煩」的關係。只要知道做法，大家都會了解，騎乘體位對於女人而言是最舒服的體位。

男人也是，明明要求女友採取騎乘體位，大多數人卻不知道指導對方，反而使越來越多的女人討厭騎乘體位。

總之，騎乘體位的重點就是「臀部」律動。女人一定得蹲著採M字開腿姿勢嗎？不，不一定。A片中，女優張開雙腿，說：「看，進去了」，接著擺出青蛙跳躍姿勢上下動腰衝撞，這終究不過是「做愛表演」。要求一般女人照著模仿，我想女人一定會排斥，男人也不可能從中獲得快感。

女人可以跪在床上，不過「臀部」要稍微往後突出，說「把胸部往前挺出」，可能比較好懂。擺好姿勢後，女人應該會嚇一跳。光是這動作，就能和陰莖插合得剛剛好。該怎麼說，感覺就是龜頭逐步推向陰道深處。

要百分之百享受騎乘體位的話，臀部不是上下搖動，關鍵在於臀部要往後突出、前後擺動。與上下活塞運動不同，這個動作能夠避免陰莖插入深處的疼痛，感覺上比較近似「摩擦深處」。女人自然會像划船般，前後擺動腰部。

陰莖在陰道內動了一會兒之後，應該會充滿快感，男人也能夠品嘗到與正常體位和蓮花對坐式不同感覺的摩擦方式，體驗陰莖「被揉扭的快感」。

女人採騎乘體位比較不累。一聽到騎乘體位，總會讓人想到激烈的律動，其實這個體位的律動比想像中還要緩和，屬緩慢性愛領域，女人按照自己的意思享受插入的愉悅即可。「俯看」男人因為自己的扭腰擺臀而心焦難耐，也是一種新鮮的快感，可充分感受「讓男人射出的性愛」、「侵犯男人般的性愛」。

另外，前後動腰可以帶來全新的快感，陰蒂摩擦著男人的恥骨很舒服，使得陰道和陰蒂同時獲得刺激。男人空下來的兩手，也可以觸摸乳頭或陰蒂。這時女人抓住男人伸出的手，能夠更助興。

情慾氣息一口氣提高的同時，女人把手靠上去，自然能使男人的觸摸更溫柔。

「採取騎乘體位晃動腰部時，男人卻揪住我的乳頭，好痛。」——我想不少女人有過這種經驗。只要女人握住男人的手，男人自然不會亂來。這也是小惡魔極致性愛的祕招之一喔！

接著也來談談騎乘體位的變奏版：「反坐式」。

我想看過我A片的觀眾應該都知道，反坐式是「穗花性愛」的精華所在。背對著男人，以騎乘體位晃動腰部，這個體位的難度非常高，我在熟練之前也吃過不少苦頭。可是這體位就是「女人讓男人高潮的性愛」的最佳代表。一旦熟練後，能夠給予男人莫大的快感。

「反坐式」最困難之處在於，陰莖可能在過程中掉出陰道。女人身體迴轉半圈，由騎乘體位轉為反坐式時，陰莖就會掉出來（補充一點，A片是不允許這種「沒出息的狀況」發生的）。

小心翼翼避免陰莖掉出陰道的行為，正是「等待」，這點在所有變換體位的時候都適用。不過通常在變換體位時，大家往往都會因為太過熱中而疏忽了「等待」。

另一個希望各位注意的是，由騎乘體位轉為反坐式時，那話兒還在陰道深處，別勉強在男人身上轉身，這樣做不好。勉強旋轉在陰道裡的陰莖，會造成扭轉，再加上女人的體重，男人應該會痛，很可能造成陽痿。

為了避免如此，轉換姿勢時必須慢慢挪動一隻腳，這個動作對於正值「性」頭上的人來說或許麻煩，不過各位就當作這是在享受「等待」的片刻吧！「等待」能夠讓慾火燃燒更旺。

想要快一點歡愉，卻不小心讓陰莖跑出陰道——把這種焦慮視為快感也不賴。

總之，這體位對男人來說可謂一擊必殺。陰莖進入的角度和其他體位完全不同，所以能夠感覺陰道收縮的快感，且視覺上也令人振奮，因為女人的臀部就在自己面前搖晃。

唯獨有一點要注意。女人前傾過度的話，陰莖會有折斷的危險。女人最好將雙手支在身後，以挺胸後仰的姿勢推進。

習慣後，可以單手愛撫陰蒂，或看著陰莖進入的樣子，會更愉快。

9.蓮花對坐式的樂趣在於能夠看見收刀入鞘

享受過騎乘體位的歡愉後，男人坐起上半身，面對面插入。面對面的蓮花對坐式，最大的優點就是貼合緊密。

騎乘體位、正常體位、背入體位（包括狗爬式、蛙俯式、老漢推車等動作，皆屬這類體位）都容易使彼此身體分開。可是面對面互相擁抱的蓮花對坐式，可就是最令人放心的體位。

我也喜歡蓮花對坐式。一被問起：「妳最喜歡的體位是哪一種？」我想我第一個就會說蓮花對坐式。無論拍A片或者私底下，都是蓮花對坐式最舒服。

原因有二。

其中之一是肉體上的快感。蓮花對坐式是陰莖最容易碰到G點的姿勢。理所當然，因為坐在男人的腿上，陰莖的角度自然會對準陰道上壁。只要女人動動腰，頂端就能夠摩擦到G點。

第二個原因是會產生母愛的感覺。騎乘體位如果能夠帶來「挑逗的快感」，那麼蓮花對坐式就是「想要保護你的快感」。

什麼？——或許有人會抱持懷疑。

在A片中看到的蓮花對坐式，怎麼看都感覺是男人在主導。大家最常看到的畫面是男人抱著坐在腿上的女人腰部，由下往上不斷衝撞，女人也因為快感而挺胸後仰地嬌喘。

但我認為那是錯的。

採取蓮花對坐式時，女人必須自己動才對。

男人往上衝刺容易改變陰莖角度，不但擊不中G點，還多半會落得亂戳一通的下場。如果只是由下往上推壓蠻幹，很難一矢中的。

由上往下移動比較順暢，女人也才會感覺抵到重點。

那麼，兩人該為此採取什麼姿勢呢？

女人將手臂環上男人脖子，抱住對方的頭最好，就是前面也說過的哄小孩摸頭姿勢。採取蓮花對坐式時，我認為這種方式最優。這樣做，能夠引出女人體內的母性。

然後動腰時，請看著雙方結合的地方。為了看到連接在一起的部分，臀部自然會後縮，要領和騎乘體位時相同。

這樣子容易調整陰莖角度。看著抽插自己私處的陰莖，女人會感覺自己是淫娃浪女，也會覺得自己緊抱的男人可愛得要命。

從肉體快感中產生母性——這正是我愛蓮花對坐式的原因。附帶一提，這種時候男人不可以動腰。

唯一可做的就是雙手擺在女人腰上幫忙支撐。男人一動，好不容易調整出的好位置又會偏離，必須注意。

我已經提過好幾次，男人沒必要刻意追求女人高潮。女人在促使男人高潮的過程中，自然容易得到高潮。

10. 背入體位時，女性必須擺腰

談完蓮花對坐式，差不多該進入正常體位了，不過……為了一般男性，我也姑且解釋一下背入體位的做法吧！

先說一點，我個人不太喜歡這體位就是了（笑）。

討厭背入體位的原因在於，這體位會讓陰莖過分深入陰道深處。我的陰道深處很脆弱，受到激烈衝撞會痛得不得了，再加上無法像騎乘體位和蓮花對坐式那樣自己調整好位置，很容易流於由男性主導的情況。而且男人轉換成背入體位，就像恢復了野性似地猛衝，所以非必要，我不會採取這個體位。

話雖如此，男人似乎也有藉口。「背入體位是男人能夠休息的唯一體位」（能夠不被對方注視，所以可以喘一口氣等）、「打屁股的快感叫人受不了」（女人的臀部的確柔軟又舒服），諸如此類，因此喜歡背入體位的男人莫名的多。

女人之中「M」性較強的人，也說從背後來比較爽，不過女人大致上都討厭背入體位。除了會痛所以討厭之外，還有「討厭看不見對方的臉」、「莫名感覺屈辱」等意見。

不過做愛是男女雙方一起享受的過程，也不該光是配合女人的喜好。因此，我想傳授小惡魔式的背入體位。

首先，雖然諸多男人公開表示喜歡背入體位，但我也常聽男人說：「無法如願動腰」等意見。的確，背入體位因為女人臀部上提的關係，缺乏安定感，所以即使抓住女人的臀部也無法完全掌控，有時也會有女人往前倒下，或者往左右偏離的情況，很難照著自己的意思動作。

再者，女人張開四肢趴下時，陰莖的高度可能對不上陰部的高度。當然，這也和男人的身高有關。結果男人把陰莖往下插入，這種進入方式會感覺怪，更精確點就是會感覺「身體契合度不佳」。

所以，必須盡量選擇順利插入的方式。為此，女人可採取雙手抓著床，上半身貼在床上，以雙肩靠著床面，臉也埋入床裡（例如蛙俯式）。這樣子臀部會自然跟著抬高，完全不會再有插入問題。

只不過容易插入的同時，也表示容易插到深處，以這種姿勢等待男人實在令人不安。

那麼，該怎麼做才好？

我想在這裡建議，即使是背入體位，女人也應該要動腰。雖說背入體位給人的印象多半是全由男人衝刺，但小惡魔式的背入體位要求女人要動腰、臀部前後推動。

如果認為這樣太無趣，男人可以把女人的雙手拉到背後，也就是所謂「老漢推車」。可是男人不可以動腰喔，從頭到尾都要由女人自行調整、推動。

這樣想來，似乎一旦插入後，所有活塞運動的推動者全由原本的男人換成女人了。這樣比較好。

精神上也容易達到高潮。明明是背入體位卻能夠主導男人，女人會有優越感，以及「我是在男人面前擺動腰部的蕩婦」的羞恥快感。男人也會感覺遭女人侵犯，或者感覺是由女人在引導。

也就是男女雙方都能夠獲得滿足。

可是當男人主導活塞運動時，雙方就只剩下主導和被主導的關係了。今後是女性動腰的時代——小惡魔極致性愛插入法的奧義似乎就在這裡。

11.接觸睪丸時的舒適感

稍微離題。

插入時，偶爾會嚐到意想不到的快感。

——就是來自男人的睪丸。

我自己動腰，所以很清楚在活塞運動最激烈時，睪丸也會跟著一起撞擊陰部。這絕不是多強烈的快感，但那種感覺很舒服。

正常體位的話，就是臀部附近，背入體位的話，睪丸會碰到的就是陰蒂。

我認為男人與其豪放地活塞推進，不如有節奏地動腰會更好一些。

12. 男人射精時的表情讓女人高潮

回到正題。最後妝點小惡魔極致性愛的仍是正常體位。

我想一百位女性之中，恐怕有九十位會告訴你：「希望最後採正常體位」。希望最後用正常體位來達到高潮的女性，比例竟有這麼高，原因就在於——能夠看見對方表情。

如果是這樣，騎乘體位不也可以嗎？——你可能會這麼說，但其實不太一樣。正常體位看見的男人表情，可說是「陶醉忘我」。雖然騎乘體位俯看到的表情也不差，不過那只是「忍耐」的表情。

我兩種表情都喜歡，但以提升慾火的角度來說的話，還是「陶醉忘我」比較有效。貪圖快感而賣力表現的男人表情，實在叫人愛不釋手。

這樣說或許聽來誇張，但男人在那當下陶醉的表情，已經足以讓女人高潮了。

然而多數女性在正常體位性愛中，是否總是轉開臉部呢？我明白是因為難為情，也明白閉上眼睛比較能專注享受快感。但是正常體位時，絕對務必看著男人的表情，或許該說互相凝視。

四目相對……可能會有些害羞，不過事實上這才是俘虜男人最重要的關鍵。

快感即將抵達頂點之際，視線交會，男人會逐漸被女人吸引。在A片中，或者自拍性愛影片中，這類「互相凝視的畫面」經常就是精髓所在。被以正常體位衝撞的女人，雙眼溼潤地凝視著攝影機，這副表情會讓人震撼到頭皮發麻。

可是女人卻把臉和視線轉開，給了男人空間。

於是男人開始做起多餘的事（笑），比方說愛撫陰蒂，或者調整活塞速度等。

我想多數女人也曾有同樣感覺：莫名漫長的插入過程（特別是採取正常體位時）格外難受。搞太多花樣，反而會讓女人逐漸厭煩。一開始雖好，最後卻變成「快點射啦」的不耐煩。

凝視男人眼睛是把男人逼上高潮頂峰的最高伎倆。另外，女人也會因為看到男人忘我的表情而得到更強烈的快感。

男人也可在採取正常體位時，氣喘吁吁地對女人說：「看我。」

在女人的凝視下，別害羞，儘管表現忘我陶醉的表情吧！
這種表情會讓女人興奮，同時也會變得溫柔，於是化身為最棒的「小惡魔」。

13.小惡魔會在正常體位時自動張開雙腿

採取正常體位時，男人會把女人的雙腿掰開，大家也覺得這種情況天經地義。可是，小惡魔會自動張開、拉住雙腿，說：「過來！」

這動作雖難為情，但毫無疑問地，一定更能挑逗對方的慾望。

因為女人這舉動，能讓男人將雙手支在床上，使身體更穩定；女人也能輕易藉由自己抱住雙腿的動作，調整陰莖衝刺的位置。男女雙方都能更積極享受正常體位。

男人來到女人上方總會令女人有種壓迫感，不過女人改採自己主動接納的動作後，會變成是自己在「擁抱」男人，也不再是「被陰莖插入」，而是「接受陰莖進入」。

這種感覺會使得正常體位做起來更火熱。女人抱住雙腳——只是這個動作，就能夠改變做愛的氣氛。

另外，正常體位中還有一個要推薦的，就是男人抱住女人。我很意外居然沒有人知道，男人和女人交合時，女人的臉正好可以藏進男人的腋下，這樣子能讓女人很安心。

男人腋下的「男人味」撲鼻而來，光是這樣就夠讓我醺醺然了。費洛蒙不正是由腋下分泌的嗎？

我雖不清楚原因，但總之，性愛進行中的男人腋下所散發出的氣味，十分魅惑人。

在那味道的環繞下結合，真是莫大的幸福。

14.女人發出喘息聲更顯可愛

我聽到男人發出「唔」、「啊啊」等呻吟時會慾火焚身，所以做愛時，「聲音」真的很重要。

其實，無論男女，應該都能由對方的聲音中獲得感覺吧？

然而女人之中卻有些人認為，發出嬌喘聲很丟臉。

我想說，因為怕丟臉而壓抑聲音，說不定會更丟臉喔！我當上AV女優時，也曾認為發出聲音非常羞恥，因此頂多偶爾發出「咕嗯」、「哈嗯」等聲音。我一直以為這種害羞很可愛。

事實上完全相反。做愛時，身體需要攝取氧氣，嘴巴卻因為壓抑喘息聲而緊閉，結果反而從鼻子發出「豬叫聲」，這樣子怎麼可能俘虜男人？

也就是說，女人發出聲音比較可愛。

另外還有一個最好要發出聲音的理由。

「嗯、嗯」地壓抑喘息聲，自然會吸氣；相反地，大聲喊出「啊啊——啊啊——」時，則是吐氣。像深呼吸一樣，吐氣很舒服，呈現虛脫狀態。

做愛時也是，吐氣放鬆，吸氣僵硬，自然是在吐氣時更容易獲得快感。這可謂是一石二鳥。

小惡魔要盡量多發出喘息聲！這算是為了男人，也為了自己。

15. 男人要說「出來了」，別說「去了」

女人讓男人高潮的性愛——我一直強調就是「小惡魔極致性愛」，換個說法，也可說是「充滿母愛的性愛」。男人不該展現「希望女人高潮」的支配慾，而是要用高潮的歡愉包圍女人。

所以我最後想說的是，今後男人射精瞬間，別說「去了」，要說「出來了」——表示這是女人弄出來的。

不是男人根據自我意識射精的，而是被舒服感覺挑逗出來的。

我喜歡射精瞬間忍不住大喊「出來了」的男人。感覺好可愛，心裡也會暖洋洋地覺得：「來吧，盡量射出來。」

就算我自己沒能高潮，聽到對方這麼說，也十足幸福。相反地，我認為老是堅持要讓女人高潮的男人，就無法說出「出來了」這種話。

這句話真正的意思表示必須捨棄自尊和羞恥，把身心交由女人處置，否則說不出口。

正因為如此，女人更想聽到這句話。聽到之後，心中會充滿「我想為你做更多」、「我想讓你更愉快」等情緒，並為此想學習更多讓男人高潮的做愛方式。

對，「小惡魔」就在這一刻誕生。

我希望有更多男人為此，在快感即將到達巔峰時，對女人喊一聲：「出來了！」

視做愛為苦差事的我成為ＡＶ女優，甚至寫出關於「性」的書。到現在，我仍覺得難以置信。

但在整合自己的想法、感覺、養成過程的這段時間中，我重新體認到，做愛果真是一項「頂級娛樂」。男人和女人裸裎相對、互相擁抱、一起升天。做愛，真是再棒不過的行為了！

必須更享受、更享受才行！

我一直希望自己能夠更樂在其中。

但是另一方面，如果我沒刻意注意，而依然照過去的方式做愛——光想到就讓我毛骨悚然。

不管是A片也好，成人看的色情雜誌也罷，做愛這事一直被認定為「必須由男人主導」。這種固有的觀念直到現在仍舊沒變，我想這是因為女性普遍認為和男人做愛就必須

「那樣」的關係。

現在地球上的男人很辛苦。除了做愛之外，男人在其他事情也經常被要求「要占上風」。無論工作或學校，甚至私生活，都非贏不可。輸的話，就會逐漸被趕到社會角落。受歡迎的男人與不受歡迎的男人明顯劃分的原因，我想也在於這種階級差異。

而女人也認為男人理所當然要滿足自己；如果無法獲得滿足，全是男人的問題。這樣一來，男女雙方無法獲得愉悅的性愛。

兩人都把錯誤歸咎對方。

兩人都對彼此保持距離。

我不認為自己在這本書裡說的話完全正確，我想一定有不少情侶不認同我的想法。

但是在我成為AV女優「穗花」之前，我無法由衷享受性愛，這卻是事實。

請各位稍微試試看也無妨。

如果女人把挑逗當作體貼，男人也會表現出真正的自己。這樣子，雙方應該都能變得更有自信。

小惡魔雖是惡女，但也是有幫夫運的女人。

喜歡被主導的男人反而會成為「真正的男人」。在被充滿母愛又好色的「小惡魔」俘虜後，男人能夠為了保護女性而更努力面對難關，這肯定有助於超越人生。

我說得或許誇張了點，但我真的這麼認為。

因此，我希望女人們喚醒自己心中的「小惡魔」，也希望男人將自己的女人培養成「小惡魔」。秉著這種想法，我寫了這本書。

我樂見閱讀本書的各位，性生活能夠更加理想。

讀者們，充分地、好好地享受性愛這項「頂級娛樂」吧！

●國家圖書館出版品預行編目資料

小惡魔教你極致性愛：AV女優才敢講的性愛挑逗術 /
穗花著；黃薇嬪譯.
--初版.-- 臺北市：三采文化, 2010.07
面；　公分. --（Mind map；30）
ISBN 978-986-229-279-2（平裝）

1. 性知識

429.1　　　　99008068

suncolor
三采出版集團

Mind Map 30

小惡魔教你極致性愛

AV女優才敢講的性愛挑逗術

作者　穗花
譯者　黃薇嬪
責任編輯　杜雅婷
校對　渣渣
封面設計　薛雅文
排版　晨捷印製股份有限公司

發行人　張輝明
總編輯　曾雅青
發行所　三采文化出版事業有限公司
地址　台北市內湖區瑞光路513巷33號8樓
傳訊　TEL:8797-1234　FAX:8797-1688
網址　www.suncolor.com.tw
郵政劃撥　帳號：14319060
戶名：三采文化出版事業有限公司
本版發行　2010年12月20日
定價　NT$280